世界食料危機の時代

新型

中国と日本の戦略

高橋五郎
Goro TAKAHASHI

論創社

装丁　宗利淳一

はじめに

毎日何気ない食生活を送ってきた日本人のほとんどは、「東日本大震災」（三月一一日）とそれに伴う原発事故によって、普段気にも止めてこなかった日本の食料や水が、意外と簡単に底をつくものだということを思い知らされたにちがいない。

食料自給率三九％という数字がいかに厳しいものであるか、実感を持って再認識された方も多かろう。そして、「豊葦原の瑞穂の国」と『古事記』が記した豊穣の森と水の容器で満たされた国土に、実はすぐにのどの渇きを癒すための一滴の清水もなかったことを、心身とも震えるような恐怖の中で気付かされたことだろう。

しかし、背後にあったその危険性は今に始まったことではなく、ずっと以前から起こりうる状態を農政や農業団体、いやもっと本質的なことをいえば日本社会全体が放置してきたツケが回ってきたに過ぎない。

そしてまた、この不幸なできごとがきっかけになったこととは別に、食料や水をめぐって、現代の世界に同時多発的に起きているさまざまな危険な兆候や現象に眼を向け、その対策を考えなければならないことを再認識すべきであるように思う。端的にいえば、人間と自然との関係を原点に立ち返りながらゆっくりと考え直すべきときが、すでにきているのではないかと思う。

本来、本書が主題とする食料は、自然科学、社会科学、人文科学が自然と向き合い、自然から人間に対して送られた共生の了解を糧として初めて安定的な調達ができるはずのものである。

ところが、人間はその共生の了解を忘れ、「進歩」した科学・技術の方法をもって、自然からの略奪を一方的に推し進めてきたし、今もそうしている。こうした背信とも思える行為を繰り返す中、自然の一部であることからの離脱を進める過程で、自らが病むという環境をつくり上げてしまった。人間の生命維持のためならば、多少の約束違反も仕方がないといえるが、現代の状況は明らかに行き過ぎである。

土壌づくりを止めて化学肥料依存による略奪農法の深化と地球規模での拡大、自然との共生を遮断する農薬開発や遺伝子組換え農産物の開発、農水産物の重金属汚染、企業のための一代種子や一代家畜開発、種子や食糧の買い占めや売り惜しみ、食糧の投機対象化、農業による土壌や地下水・河川の汚染、浪費が生む農業用水の不足や枯渇、生活廃水の垂れ流しによる農地や水の汚染、飼料への過剰な添加物添加などには、明らかな行き過ぎがみられる。

そして農業分野にとどまらない人間の反自然的な活動がなんらかの影響を与えていると思われる、家畜や家きん伝染病や植物病の世界的な拡大、薬剤耐性のある農畜産物病の生物学的脅威の蔓延、干ばつ・洪水、高温といった異常気象なども顕著になってきた。

これらに加えて、日常的な食卓にまで直接的な危険が迫っている。たとえば、食材や加工食品に対する多くの種類の食品添加物の使用、産地偽装、食品表示違反（賞味期限、原材料、添加物）、保存・保管・輸送上の問題、魚介類やその加工品へのダイオキシン・水銀など重金属の蓄積も大きな問題である。

これらが同時に起きていることが現代の食料危機の本質であり、これを本書は〝新型世界食料危機〟と称した理由でもある。

この現代的な食料危機の解決には、食料生産についての世界協力、農業技術の国際的な標準化、化学肥料・農薬の適正利用、遺伝子農産物への国際機関の関与とさらなる規制強化、農産物国際市場の整備、重金属や有害物質の国際的な利用規制強化、消費者教育や広報の徹底など、やるべきことはいくらでもある。

それらの中から、本書が特に訴えたいことは日本と世界の食の健全な確保という観点から、環太平洋食料共同体を形成することである。

世界はできるならば、食料の量的需給と質的確保を達成するために、国連食糧農業機関（FAO）の改編を通じた共通農業政策の履行機構を持つべきであるが、これはEUなどすでに存在する同様の機能を持つ国際的な組織との調整が難しい。そこで本書は、いまだ手付かずの環太平洋をとり囲む主要な国家が参加する環太平洋食料共同体の形成を提言するのである。その具体的な内容については、本書第Ⅵ章をお読み願いたい。

この点の枠組みを述べるため、本書は食料を通じた関係の深い日本と中国の双方における食料生産の現状を取り上げる。

いまや世界の食料生産や貿易に関しては、中国を抜きにしては語れない。中国の農業や農民について筆者は、すでに『農民も土も水も悲惨な中国農業』（朝日新聞出版社、二〇〇九）や『中国経済の構造転換と農業』（日本経済評論社、二〇〇八）などで基本的な自説を展開したつもりだが、環太平洋食料共同体について詳細な提言を行うのは今回が初めてである。

なお筆者は揺るぎなき農業開国派であり農業自由主義派として、農産物の輸入自由化の問題についても、これらの著書等で取り上げてきており、昨日今日に主張し始めたことではない。

日本農業も中国農業も、開国と自由化なしには将来の展望を描くことができない点で共通している。日中の食料生産と消費は凹と凸の関係にある。しかしこの関係は日中にとどまらず、食料問題に関するかぎり環太平洋諸国にこそ当てはまる。いつしか、環太平洋食料共同体が日の目をみることを願っている。

著　者

二〇一一年八月

新型世界食料危機の時代——中国と日本の戦略

目次

第Ⅵ章　人間と自然の共生の回復、そして食料共同体

第Ⅰ章　新型世界食料危機――「食病」と飢餓の再来

1　新型世界食料危機とは？

単に世界食料危機といった場合は、文字どおり、食料危機が世界的なレベルで起こることで、これ自体とても心配なことである。

人間という存在は実際に十分な食料があっても、食料が不足するという噂が立つだけで不安でいたたまれない気分になるものだ。そのために冷蔵庫いっぱいに競って野菜や肉、魚を買い求め、人によっては戸棚や押入れいっぱいにコメ、乾パン、カップラーメン、缶詰、ペットボトルの水や駄菓子類を溜め込む。それでも不安な人は果物の木を庭に植えたり、ベランダにたくさんのプランターを置いて野菜を植え始め、それでもまだ落ち着かない人は、野菜や穀物のタネを買って、にわか農家になったりする。理解できないことではない。

これまでの食料危機は一つ二つの比較的に単純な原因がもとで起こる例が一般的だった。天候不順による突発的な不作・凶作、予期せぬ台風や豪雨などによる農作物被害がそのよい例だ。これに、二〇五〇年には九三億人に達する人口増の一方で、進まぬ農地整備や農業技術のせいでアフリカ諸国、南アジア、北朝鮮、ボリビアなどにみられる慢性的な飢餓や食料不足がある。

これらの食料危機も世界的なレベルで発生し、食料在庫の減少や枯渇をもたらす危険性をはらむことが人びとを一層不安にさせている。

しかし、最近はさらに深刻な事態――新しいかたちの世界的な食料危機が起こっていることに注目してほしい。これまで食料危機をもたらしてきたさまざまな原因に加え、あらたに人間が制御できないくらい深刻な原因によって、国境を超えて同時かつより広範囲に、食料危機が生まれ、広がりをみせている。

数字で食料の世界需給をみると、国や地域によって供給過剰なところ、供給不足なところ、需給がほぼ均衡しているところ、というふうに分かれる。供給過剰なところは欧米の一部、オセアニア、南米や東南アジアの一部、供給不足なところは日本、アフリカの大部分、東南アジアの大部分、インド、南米の一部、モンゴルなど、需給がほぼ均衡しているところは中国、ロシア、カザフスタンなどの中央アジアの一部、南アフリカ、北欧の一部などに過ぎない。

しかしこの食料需給状況を示す世界的な分布はかなり平均的な様子にすぎず、実際はもっと流動的で不安定だ。その広がりと新しい未知の原因の発生、そしてその同時多発性が現在の世界食料事情を危機的な状況に追いやっている。これが新型世界食料危機の真相なのである。

もういちど定義しよう。

新型世界食料危機とは、新しい多くの原因によっていっそう発生しやすくなっている食料危機、その要因が世界中のどこにでも潜んでいるためいっそう発生しやすくなっている食料危機、現象が自然災害型でありかつ人災型の両面をもっているだけでなく、自然災害か人災か、いずれが真の原因なのかはっきりしないで起きている食料危機、いくつかの原因が作用し合ってより大きな影響を与えることによる食料危機、単一あるいは複合的な原因により世界の各地で同時に発生する食料危機のことを指すのである。

【図１】　新型（同時複合型）世界食料危機の構図

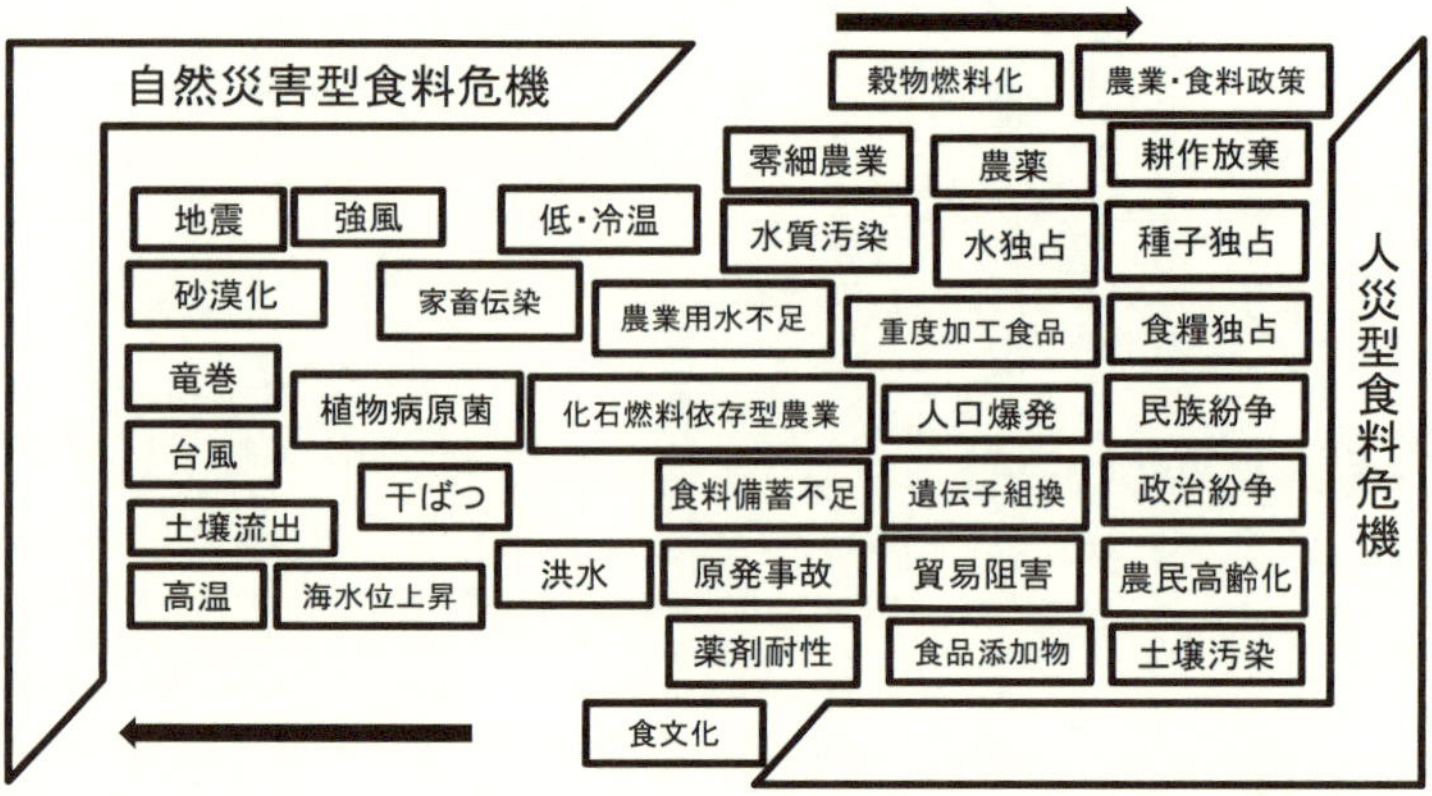

かつてアメリカの農業関係官庁の研究者であったレスター・ブラウンは、筆者にいわせれば浅はかな東洋観と数字で、「だれが中国を養うのか」（Who will feed China?, 1996）と世界に向かって問いかけた。タイトル以外に読むべきところのないこの本がどんな価値を持つものであったかは、現在の中国自身が答えている。

だが、いまや「だれが世界を養うのか」ということを真剣に問わなければならない時が来た。エドワード・サイードならば徹底的な批判を加えたはずの、この明らかに、オリエンタリズムの衣を着た男の話はともかく、今後数年間、いやもっと長くなるかもしれないが、世界の養い方、つまり我々自身がいかに食うかを真剣に考え、その答えを出すべき時が来たのである。

しかもこれはあくまでも食料の単純な量的な面だけをみた場合のことであり、質的な側面、つまり、食の安全性、食味、栄養素などを考慮した場合には、ほぼすべての国や地域の食はやはり危機的な状況にある。人間の胃袋というものは質のいい食料でも不足すれば満足することは不可能で、一定の量的な充足を求める。逆に、かなり問題のあるものを食べても量が足りていれば、当座は満足できるものだ。

そしてこの点にこそ、人間が食料の安全性をあまり気にせずにここまで来れた落とし穴がある。空腹になったときに、何かを食べてしまうと、食料の質的な問題はすぐさま忘れ去られてしまう都合のよい感覚、つまり満腹感という感覚があるからである。これは人間の仕方のない生理的な機能によるもので、善良な人間の弱さでもある。

こうして、その日暮らしの食生活を続ける間に、人類の食料問題はいまや量的問題の解決と質的問題の解決という両面の危機を抱え込む結果になってしまったのだ。

新型世界食料危機を概念的に大きく分けると、【図1】のように、自然災害型食料危機と人災型食料危機の二つからなる。だが、前述したように実際の食料危機においては、この二つを明確に区分することは難しいが次節で一応試みてみたい。

2 「食病」と飢餓の再来

世界穀物生産量は少なくともこの五〇年間、増加の傾向にある。ここでいう穀物とはコメ、トウモロコシ、小麦、大麦、ダイズなどのことで、世界共通の基本的な食糧のことである。アメリカ農務省の資料によれば二〇一〇年の世界の穀物生産量は二二億七四〇〇万トン、一九七〇年の一〇億七九〇〇万トンからほぼ二倍となった。

これに対して需要量は二〇一〇年二二億七二〇〇万トン、一九七〇年一一億八〇〇〇万トン、多少のズレはあるものの基本的に賄われてきた。一九七〇年から二〇一〇年までの四〇年間、短期的な過剰と不足を繰り返しながらも、世界の穀物需給は在庫による調整で大きな混乱を避けることができてきた。

この量的な問題については、ブラウンを含む国内外の多くの農業経済学者やマスコミによって食料危機が叫ばれた一〇年以上まえ、筆者は、そのようなことは起きないと予測し、その旨、訳書『世界食料の展望――21世紀の予測』（D・O・ミッチェル他著、農林統計協会、一九九八）の「訳者あとがき」欄において、根拠を示しながら解説した。その後の事態は、筆者が予測したとおりとなった。しかしそのとき、筆者は現代に起こる食料危機の別の意味について、もっと注意すべきであったと反省している。

では今後の世界の穀物生産と消費はどうなるのか、と問われれば、過去五〇年間は「世界穀物需給安定の五〇年」だったがこの時代は過去のものとなり、質的側面を中心に「世界穀物需給不安定の時代」を迎えることになろうと答えるしかない。その時代の始まりはゆっくりとしかし確実に訪れている。

その時代の訪れを示す端的な兆候がある。それは国際穀物相場をリードするシカゴ穀物市場における国際穀物価格の傾向的な上昇だ。国際穀物相場にはシカゴの投機筋が介入しており、需給の本質的な動きを知る上では短期的な乱高下はつきものなので中・長期的な観察が重要だ。国際穀物相場の動向をみると、一九七四、一九八〇、一九九〇、一九九四、二〇〇四、二〇〇八の各年に急激な上昇をみている。しかし、いずれも二〜三年後には収束し、安定するというサイクルに落ち着いてきた。

二〇〇六年あたりから国際穀物価格は再び上昇し、二〇〇八年の急騰を経て、本書を書いている二〇一一年八月時点ではやや落ち着きを取り戻しつつあるが、上昇を始めた二〇〇六年時点に比べると、コメ一・七倍、ダイズ二・四倍、小麦一・八倍、トウモロコシ二・九倍の高値のままである（二〇〇六年八月対比）。

では量的な供給が減るかというと、生産量は基本的には増えるので供給量も減ることはないと思われる。この点に関しては、以前も今も同じ考えである。しかし問題は、増え方が減ることにある。後述する現代的な自然災害型食料危機や人災型食料危機は、確実に、人類の食べ物生産の増え方に影響を与えよう。場合によっては、生産量の絶対的減少という深刻な事態も起こるかもしれない。

過去四〇年間の世界穀物生産量は年二・八％の割合で増えてきた。それを可能にした原因は耕地面積当たりの生産量の増加、つまり、土地生産性が世界的に伸びたことにある。日本だけでなく世界にはまだ耕作放棄地が多数あり、それを耕地に戻せば、ある程度の生産量を積み増すことはできるだろう。しかし今後も過去五〇年間と同じか、あるいはそれ以上の土地生産性の上昇を求めることはもはや不可能である。

さらに大きな制約は、穀物の質、つまり安全な穀物をその量とともに確保することは困難だということである。過去五〇年間も、土地生産性の上昇を助けたものは大量の化学肥料や土壌改良剤、薬剤耐性といった危機を幾重も乗り越えてさらに危険性を高めた農薬や除草剤、そして遺伝子組換え農産物であった。品種の自然的な能力増強つまり品種改良を除けば、自然の力の持つ限界を超えたこれらの農業技術への依存をこれ以上強めることはもはや許されない。現代人は毎日、遺伝子組換え農産物を与えられた家畜を食べ、さらに農薬と食品添加物を口にしない日はなくなった。

世界の穀物生産においては、量的生産性の上昇と質的生産性の維持が、真っ向から対立する時代になったのである。この点はなにも穀物に限ったことではなく、野菜、果物、畜産物すべての食料に当てはまる大きな問題である。これに、危険な食品添加物の大量使用が加わる。

もしこれからも食料の量的な増加をこれらの危険な方法で補おうとする方法を変えなければ、人類は、食べた分だけ健康を害し、肉体が汚染される。

3　自然災害型食料危機

さて自然災害型食料危機を起こす原因には、次のようなものがある。

穀物や野菜、果物、果樹などの耕種農業に関係する食料危機の原因として——洪水、干ばつ、高温、低・冷温、強風、ヒョウ、土壌流出、そして農産物に害を与える病原菌など、たとえばいもち病（コメ）、べと病（キュウリ、キャベツ、カボチャ）、タンソ病（キュウリ、スイカなど）、疫病（トマト、ジャガイモなど）、うどんこ病（ウリ科植物）、菌核病（インゲン、トマトなど）、モザイク病（野菜全般）、斑点落葉病（リンゴ）、縮葉病（桃）、根ぐされ病（イチゴ）、黒点病（ミカン）、サツマイモ立ち枯れ病（サツマイモ）や土壌細菌（線虫、大豆根粒菌など）、さらに穀物、果樹、野菜、果物の生育や収穫に害を与える害虫や害獣・害鳥がある。

農産物に害を与える病気や虫害に対して、人類は農薬や殺虫剤を開発して被害を避け、あるいは軽減しようとしてきた。世界でもっとも早く農薬を使い始めたのはフランス人で、一八五〇年代には早くもブドウ園で実用化したという。昔から日本では蚊取り線香の原料となる除虫菊は防除効果があることが知られていたが、農産物に直接撒くという意味での農薬の開発には至らなかった。

農薬や殺虫剤の開発は農業生産を飛躍的に伸ばし、人類の食生活を救ってきた。ところが、やがて農薬や殺虫剤には病原菌やウイルスに「薬剤耐性」という特殊な能力を与えるという予期せざる作用を生むことが明らかになってきた。薬剤耐性とは、特定の病原菌やウイルスに農薬や殺虫剤をかけ続けると、薬剤に対して抵抗力を持つ遺伝的性質が生まれ、やがて、その薬剤が効かなくなることである。

日本で最初に薬剤耐性が発見されたのは一九七一年、鳥取県の特産品である梨の〝二一世紀〟という品種に発生する黒斑病がポリオキシンという抗生物質に効かない事件が発生、さらに同年、今度は山形県の稲にいもち病の予防として散布した農薬がやはり効果がなかったことだといわれる。

薬剤耐性はその後、日本だけでなく世界中で大きな問題になっていった。耐性を持った害虫や病原菌、ウイルスを退治するためにはより強い農薬や殺虫剤を開発する必要に迫られ、やがて、それにも耐性を持つ病原菌やウイルスが生まれるというイタチゴッコが繰り返されるようになった。これがさらに続いていけば、食料の安定的な供給を脅かす重大な要因になると警鐘を鳴らす専門家は少なくない。

そしてそうこうするうちに、もともと自然界には存在しない化学式をまとった農薬や殺虫剤で農地が汚染され、自然環境の破壊という取り返しのつかない事態を招くようになってしまったというのが、現在の地球環境破壊の見えない一断面である。

人類が農薬を発明してから一六〇年ほどが経過した。その間、多くの病原菌やウイルスは薬剤耐性を持つようになり、それだけでなく多くの病原菌やウイルスが薬剤耐性を持つ過程で、突然変異して新種の病原菌やウイルスが生まれている。

一方殺虫剤を使わないで、農業に害を与える害虫を駆除する試みも行われてきた。それはフェロモン剤を用いた一種のワナである。フェロモン剤を仕組んだトラップに害虫を誘引し、オスとメスの交尾機会を減らし、徐々に個体の数を減らしていくという気の長い方法のことで、実際にもすでに応用され一定の効果を挙げている。フェロモン剤は人畜には無害なので、自然の摂理を応用したこうした方法の普及が望まれるところである。

さて、問題は植物だけにとどまらない。家畜や鶏にも多くの伝染性の危険な病気があり、たとえば家畜・家きんの致死率の高いものとして――BSE（伝染性牛海綿状脳症）、鳥インフルエンザ（高病原性鳥インフルエンザ）、豚コレラ、家きんコレラ、ニューカッスル病、野兎病、牛疫、炭疽病、出血性敗血症などがある。なかには最近になって注目を浴びるようになった、油断できない動物の病気や人畜共通伝染病もある。家畜や家きんの病気だからといって安心できないのだ。

これらのなかで最近になって発見され、世界的な脅威となっている伝染性の高い病気にBSEや鳥インフルがある。口蹄疫も、牛や豚にとってはまことに恐ろしい伝染病である。

農水省によると二〇〇九年二月までに、日本では三六頭の牛がBSEにかかった。しかしBSEにはまだよくわからない部分が多いようだ。BSEはヤコプ病を発症し、ついには死に至る恐ろしい感染症の一つであるといわれている。ヤコプ病とは中枢神経を侵し、認知症の発症、全身運動のマヒをもたらす病である。別名が海綿状脳症といわれるように、脳がスポンジ状になるといわれる。他の感染症とは異なり特別の病原体によるものではなく、プリオンと呼ばれるたんぱく質の異常とみられているが、学界ではまだ定説はない。専門家のなかには、病原体の存在を疑う者もいるようだがまだ少数である。

世界でもっとも早く確認されたのは一九八九年のイギリスとされ、一九九五年以降二百人近くの患者が死亡しているといわれている。日本でも一九八〇年代のイギリス渡航歴が、BSE感染リスクの有無と関連付けられている。筆者も一九八〇年代には数回のイギリス渡航歴があり、血が滴るような厚いローストビーフを堪能したことがあるのでもしかしたら、と思うこともないではないが今のところはなんともないようだ。

日本でも牛の飼料の一部としてプリオンで汚染されている可能性のある牛の骨や非食部位を乾燥して粉砕した肉骨粉が大量に出回っていたが、最近は安全意識の高まりから市場から消えて行った。二〇〇一年九月には農水省が飼料としての使用を禁止する通達を発した。

BSEについての認識や危険部位については国によって異なり、アメリカでは日本よりおおまかだ。そのため、日本は特定危険部位（扁桃、回腸遠位部、脳、眼、脊髄、頭蓋骨、脊柱）や牛の月齢（二〇カ月齢以下）により輸入規制を行っているが、これがアメリカからみると非関税障壁だとして、

【表１】　世界のＢＳＥ発生状況

2009.12 現在

国・地域名	初回発生年
日本	2001
オマーン	1989
カナダ	1993
アメリカ	2003
イギリス	1989
アイルランド	1989
スイス	1990
フランス	1991
ポルトガル	1994
ベルギー	1997
オランダ	1997
ルクセンブルグ	1997
リヒテンシュライン	1998
デンマーク	2000
ドイツ	2000
スペイン	2000
イタリア	2001
オーストリア	2001
チェコ	2001
フィンランド	2001
ギリシャ	2001
スロバキア	2001
スロバニア	2001
イスラエル	2002
ポーランド	2002
スウエーデン	2006
フォークランド	1989

〔出典：農水省〕

日米貿易摩擦にも発展したわけである。

ＢＳＥは二〇〇九年一二月まで、欧米など先進国を中心に発生している（【表１】）が、食生活のなかで牛肉がどのように浸透しているか、どの部位を好むかなどと密接な関係がある。またどのような飼料を与えているかとも深い関係がある。アジアでは汚染国はまだ少ないが、今後の拡大が起こらないような国際的な取組みが非常に重要になる。

日本の場合、厚労省がＢＳＥの予防的措置として、牛の解体方法に指針を与えている。これはホームページで見ることもできるがかなり専門的である。しかし、国によっては異なった解体方法を実施しているところもある。筆者が中国の解体現場で見た方法はかなり異なっていた。

次は鳥インフルについてである。世界保健機構（WHO）によると鳥インフルの発生は一八五〇年代とされているが、感染性が強くなり、ヒトへの感染が起きたのは一九九〇年代の末といわれている。二〇〇〇年以降の発生が際立っており、年を追うごとに世界の発生件数が増加する傾向がはっきりしている。そして重要なことは、感染が毎年のように世界的に広がっていることである。

とくに面積の広い中国では毒性の強いH5N1型の発生が頻繁で、新疆ウイグル自治区、チベット自治区、青海省、広東省、湖南省、貴州省、安徽省など、地域的に偏る傾向もある（【表2】）。日本でもH5N1は猛威をふるっており、加えて日中は地理的な位置関係が近いことから相互にリスクを高めている。この病気を抑えるためには、もはや国家単位の枠を超えた共同の対策が求められている。

明らかなことは、すでに鳥インフルのウイルスは世界的に広まっており、特定の国の人間の手に負えなくなっていることである。日本でも毎年のように各地で大きな被害をもたらし、感染の恐れのある鶏を数十万羽単位で殺処分するしかない現状である。世界的には数億羽あるいはそれを上回る数の鶏が被害を受けている。

もっとも大きな被害を受けているのは、世界最大の家きん飼養国家の中国である。中国には世界の三〇%を占める二四七億羽の鶏（世界食糧農業機構、二〇〇九年）、ガチョウ（六億羽）、アヒル（二〇億羽）、鴨などを家きんとして飼う農家が多く、それだけに鳥インフルが流行するリスクは他のどの国より大きい。

鳥インフルが脅威になったのは、家きんの飼養被害という農家レベルの経済的問題だけではない。

【表２】 世界の鳥インフル発生状況

2011.4.21 現在

国　　名	タイプ	強弱	感染確認年
日本	H5N1	強毒	2004
	H5N2	弱毒	2005
	H5N1	強毒	2007
	H7N6	弱毒	2009
	H5N1	強毒	2010
	H5N1	強毒	2011
中国	H5N1	強毒	2004
	H5N1	強毒	2005
	H5N1	強毒	2007
	H5N1	強毒	2008
	H5N1	強毒	2009
	H5N1	強毒	2010
香港	H5N1	強毒	2001
マカオ	H5N1	強毒	2001
台湾	H5N2	弱毒	2010
モンゴル	H5N1	強毒	2005
北朝鮮	H7	弱毒	2005
韓国	H7N7	弱毒	2010
ベトナム	H5N1	強毒	2004
インドネシア	H5N1	強毒	2004
ラオス	H5N1	強毒	2004
カンボジア	H5N1	強毒	2004
タイ	H5N1	強毒	2004
マレーシア	H5N1	強毒	2004
ミャンマー	H5N1	強毒	2006
アメリカ	H5 亜型	弱毒	2011
	H7N3 亜型	弱毒	2011
	H7N9 亜型	弱毒	2011
カナダ	H5N2	弱毒	2010
メキシコ	H5N2	弱毒	2005
ドミニカ	H5N2	弱毒	2007
ハイチ	H5N2	弱毒	2008
ロシア	H5N1	強毒	2005
ウクライナ	H5N1	強毒	2005
イタリア	H7N3		2002
ルーマニア	H5N1	強毒	2005
アルバニア	H5N1	強毒	2006
チェコ	H5N1	強毒	2007
オランダ	H7N7	弱毒	2006
セルビア	H5		2006
ポルトガル	H5N2	弱毒	2007
イギリス	H5		2010
ドイツ	H5N2	弱毒	2010
ナイジェリア	H5N1	強毒	2006
南アフリカ	H5N2		2004
ジンバブエ	H5N2		2005
エジプト	H5N1	強毒	2006
ニジェール	H5N1	強毒	2006
カメルーン	H5N1	強毒	2006
スーダン	H5N1	強毒	2006
コートジボアール	H5N1	強毒	2006
ブルキナファリ	H5N1	強毒	2006
ジブチ	H5N1	強毒	2006
ガーナ	H5N1	強毒	2007
トーゴ	H5N1	強毒	2007
ベナン	H5N1	強毒	2007
イラク	H5N1	強毒	2006
イスラエル	H5N1	強毒	2006
ヨルダン	H5N1	強毒	2006
パレスチナ	H5N1	強毒	2006
クウェート	H5N1	強毒	2007
トルコ	H5N1	強毒	2005
サウジアラビア	H5N1	強毒	2007
アゼルバイジャン	H5N1	強毒	2006
レバノン		弱毒	2009
カザフスタン	H5N1	強毒	2005
パキスタン	H5N1	強毒	2004
インド	H5N1	強毒	2006
アフガニスタン	H5N1	強毒	2006
バングラディシュ	H5N1	強毒	2007
イラン	H5N1	強毒	2008
ネパール	H5N1	強毒	2009
ブータン	H5N1	強毒	2010

〔出典：OIE 他〕

卵やブロイラーの生産が減り、食卓に大きな影響を及ぼすのだ。しかも、鳥インフルエンザウイルスが突然変異したH５N１亜型ウイルスを持つ鳥と接触したヒトへの感染、発病が世界中で起こるようになった。しかも鳥からヒトへの感染だけでなく、ヒトからヒトへの感染というもっとも警戒されてきたことも現実になった。

鳥からヒトへの感染が実際に起きたのは二〇〇五年、中国湖南省と安徽省、内モンゴルにおいてであった。それにより、湖南省の当時二四歳の女性が死亡したと伝えられた。ヒトからヒトへの鳥インフルの感染が世界で初めて確認されたのは二〇〇七年のことだった。インドネシアのスマトラで家族八人が死亡したニュースはアメリカの専門研究チームが確認したもので、世界中から大きな衝撃をもって迎えられた（ロイター通信による二〇〇七年八月二九日付の報道）。

４　頻発する洪水と干ばつ

次に異常気象について考えてみる。

百年に一度といわれるほど、太平洋の穀倉地帯であるオーストラリア東部と南部の降水量は現在、極端に減っている。同国の面積はアメリカとほぼ同じだが、主要な農作物であり世界に向け輸出している小麦と大麦の大干ばつによる凶作は眼を疑うひどさだ。一九九一〜二〇〇一年の平均収穫量は小麦二三七二万トン、大麦六六九万トンだったが、ほぼ現在まで続く凶作が始まった二〇〇六年は小麦が半分以下の九八二万トン、大麦が六〇％の三七二万トンまで激減した（吉野正敏「異常気象を追う（七）」http://www.bioweather.net/column/essay2/aw07.htm）。

このほか、アメリカ南西部諸州、ミシシッピー、テネシー、ジョージアなどの地域が大干ばつに見舞われている。最近、とくに干ばつ被害の報告が相次ぐ中国では、二〇〇七年頃から南部のみならず穀倉地帯の東北三省でも干ばつにみまわれ、農産物の生産に大きな影響を及ぼしている。

二〇〇九〜一〇年、中国でも百年に一度といわれるほどの大干ばつが起き、二〇〇〇万人が被災した。二〇〇九年夏、これまで干ばつがほとんどなかった東北地方の長春を訪ねた際、雨が降らず白いはずの羽が黒ずんでしまったガチョウの家族が、汚れて緑がかったわずかな水たまりの水を飲みながら「ハーハー」（本来の鳴き方はガーガー）と鳴く姿に憐みの情がこみ上げてきたものだ（【写真1】）。

二〇〇九年、中国全土の干ばつ被災農地面積は二九二六万ヘクタール、収穫がゼロとなった農地は三二七万ヘクタールにのぼり、これは日本の農地面積の七割に当たる甚大な被害である。

揚子江が流れ洞庭湖や洪湖など大きな湖や河川のあることからその名が付いた湖北省は、二〇一〇年一一月から七ヵ月間にわたり合計で二〇〇ミリ以下の雨量しかなく、この五〇年間なかった大干ばつに見舞われている。揚子江を堰き止め、その水を水不足の北京や天津など北部に送る「南水北調」の水源地の一つ、丹江口ダムでは水位の大幅な低下が続いている。また湖北省の干ばつは八三県で農地一〇七万ヘクタールが被災し、四八万人と一五万頭の家畜の飲料水がなくなる状態にある。

アメリカ国立大気研究センターの戴愛国氏は、このまま地球温暖化が進めば二〇六〇年までに

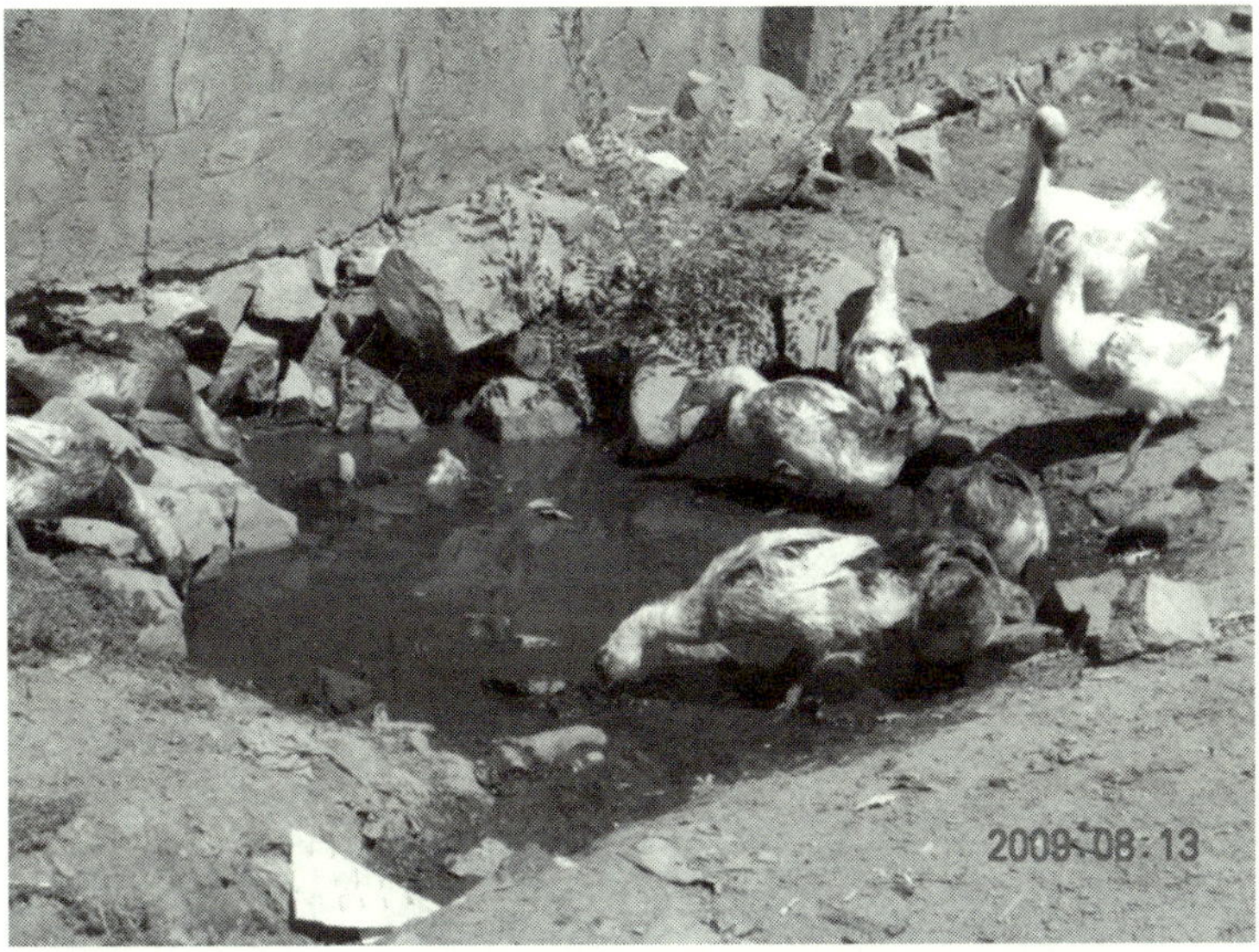

【写真１】　汚れた水を飲むガチョウ（2009、中国長春）〔筆者撮影〕

東南アジア、オーストラリア、南欧、中東、アフリカの大半、北米・中南米で深刻な干ばつが起きる可能性があると警告を発している（ＡＦＰ通信による二〇一〇年一〇月二〇日付の報道）。

干ばつは他の多くの国でも起きている。たとえばベトナムでは二〇一〇年、メコン川の水位が低下して中国との間で一時紛争が起こりかけた。フィリピンでは水不足で農業生産高が減少、もともと自給できていない主食のコメが不作となり四億ドル近い被害をもたらした。カナダ、ホンジュラス、ジャマイカ、ニュージーランドなどでも干ばつが大きな被害をもたらした。

大干ばつと同時に、オーストラリアでは二〇一〇年一一月、記録的な洪水が起き一二月の降水量は平年の三倍以上、過去最大の七〇〇ミリを記録した地域もあったと

【図2】　干ばつ被害面積

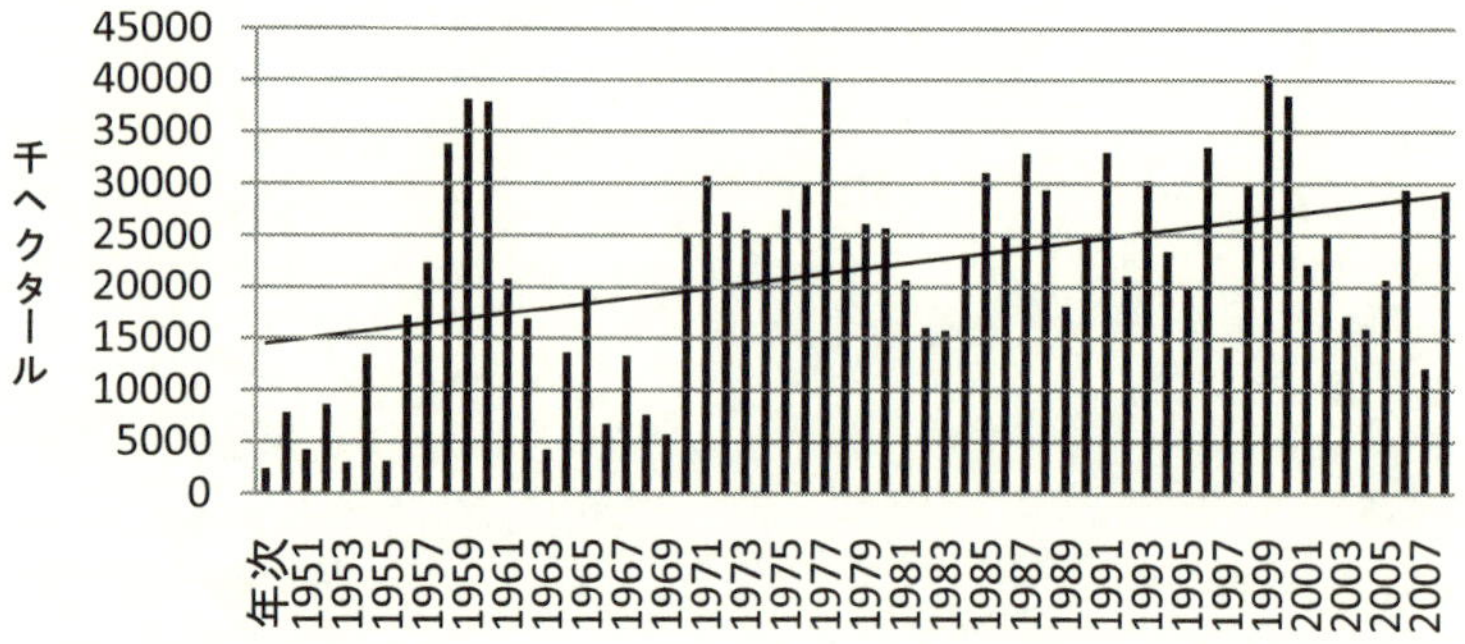

〔王『中国地理図集』〕

いう（気象庁二〇一一年一月一四日）。

中国でも同様のことがあり、干ばつの一方で大洪水が起きたりと、非常に不安定な気象現象が起こるようになった。中国水利部によると二〇〇九年、全国の農地面積の約三〇％に当たる二九三〇万ヘクタールが干ばつの被害を受け、日本の農地面積の七〇％に及ぶ三三〇万ヘクタールの農地で収穫がゼロとなった。中国では毎年同じような干ばつ被害が起きている。

干ばつは中国農業や農民の暮らしに喩えようのない被害をもたらしているが、二〇〇九年には一一〇〇万頭の家畜が被害を受けるなどの農畜産物被害をもたらしただけでなく、農民や都市住民の飲料水にも深刻な影響を与えた。この年、一七五〇万人が飲料水不足で極度の生存困難な状態におかれた。

【図2】は過去から現在までの五〇年間、中国で起きた干ばつによる被害面積をグラフ化したものである。斜めに引いた傾向線からもわかるように、長期的には干ばつ被害面積が増えていることが明らかである。多いときで日本の農地面積

【図３】　中国冬季の年平均気温の変化

（単位：度）

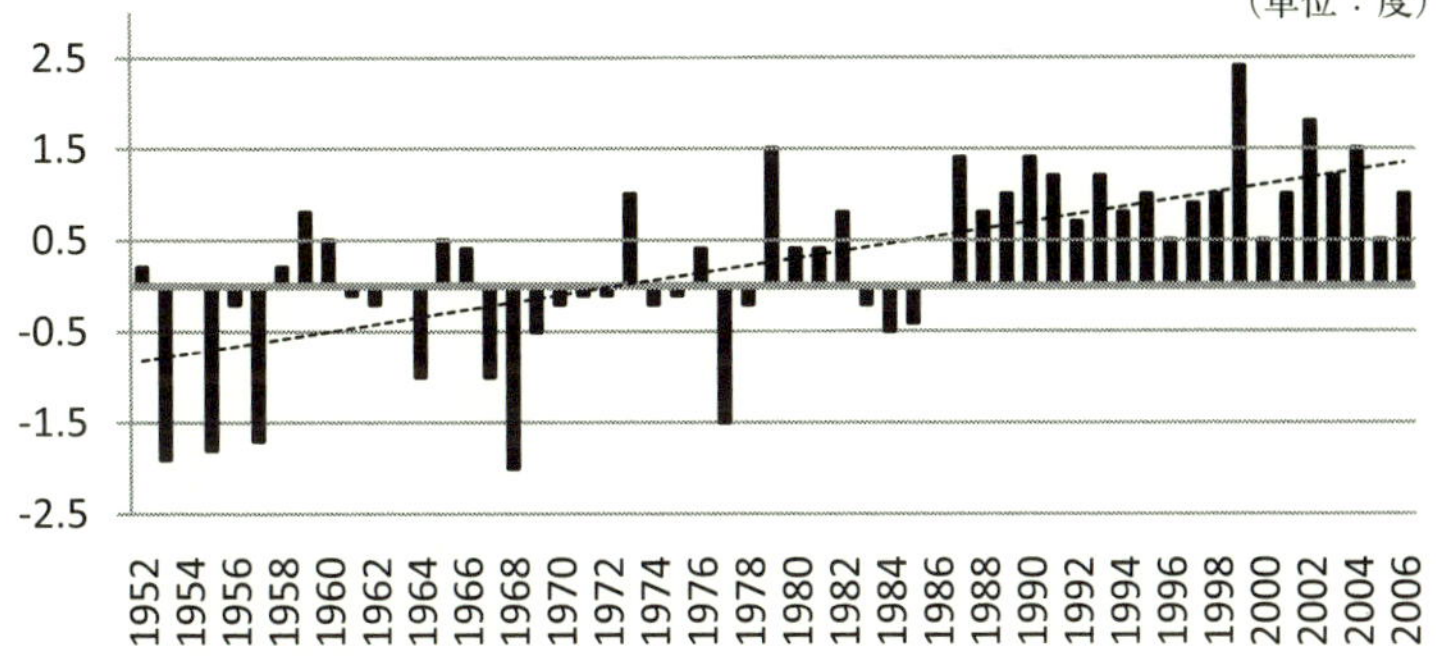

〔王『中国地理図集』〕

の一〇倍近い四〇〇〇万ヘクタールにも達する莫大な面積である。少しずつだが灌漑施設の整備が進んでいるから、この程度で済んでいるともいえる。

二〇一〇年夏は、中国の東北地方や山東半島で雨が降り続き、風光明美な海水浴場で有名な青島はほとんど梅雨のような毎日だったし、吉林省では、干ばつから一転して洪水が農地を襲い、トウモロコシや野菜に甚大な被害を与えた。広州でも同じような洪水が襲い、三角州地帯の農業地帯に大きな被害を与えた記憶は新しい。干ばつと洪水を繰り返す中国では、気温の上昇も続いている。この異常気象ともいえる現象が、干ばつと洪水を繰り返し起こす基本的な原因だと、多くの専門家は指摘している。

中国では砂漠化や干ばつによる被害は、日本のような農地全体に対する灌漑率が高い国に比べ、いっそう大きくなる。中国の地形は、海抜で計ると西高東低である。西部では大河川が限られ、用水路の整備が十分ではない。また高地や斜面では灌漑施設の整備が遅れ、降雨も少ない。その結果、灌漑率はやっと五〇％を超えた程度に過ぎない。

最近の中国の気温の上昇は、専門家の間でも共通認識になっている。前出の気象専門家の吉野氏は四〇度以上の高温日数が南部だけでなく、中国北端の黒竜江省でも増える現象が顕著だという。また、華南では西方に位置するタクラマカン砂漠より暑い日が増えているのだそうだ。

【図3】は一九五二年から半世紀以上にわたる中国の冬の平均気温の変化を示すものである。これによると中国の経済成長がはじまった一九八〇年頃を境に、マイナスの気温がほぼ消えて、冬の気温の上昇が始まっていることがはっきりとわかる。寒かった中国の冬の気温もこの二〇年間は、氷の張らないくらい高温であることが珍しくなくなったのだ。図の傾向線ははっきりと右上がりの軌跡を描き、温暖化は確実に進んでいると断言できる。

温暖化の原因は二酸化炭素ではなく、地球レベルの自然の気象サイクルだとする見解もちらほら現れ始めている。原因はともかく、温暖化それ自体を否定する見方はほとんどないことが重要である。

今年の三月一〇日、東日本大震災が起こる直前、筆者は北京のある大学で講演をするために現地にいたが、日本より暖かく、日差しも春のそれというよりも晩春の感じがした。夏も異常ともいえる暑さが続くようになった。肌身で、温暖化の進行をだれもが知るようになったのである。

5　ビール一杯は一一〇本分の水――ウォーター・フットプリント

地球上にある水の賦存量は十四億八七〇万立方キロメートルだそうである。このうち九七・二五

%は海水だ。地球上の水分の大部分の海水を除くと氷河二・〇五%、あとは地下水〇・六八%、湖や池〇・〇一%、土壌含有〇・〇〇五%、大気中の水〇・〇〇一%、河川水〇・〇〇〇一%、生物（人間や動物等の血液など）〇・〇〇〇〇四%となり、海水以外を全部足しても人間の使える淡水はほとんどないといってもいいくらいの約三八七四万立方キロメートルに過ぎない。

もう少し細かくいうと、人間が使える淡水は地下水、湖や池の水、河川水だけなので〇・六九〇一%。だから最大でも九七二万立方キロメートルに過ぎない。人によってはそんなには使えず、〇・一%だという人もある。これでも想像のつかない量であることは間違いないが。

日本の水使用量は年間約八五〇億立方メートル、その他、農産物や林産物などの輸入を通じて、数百億立方メートルにも当たる水を輸入しているらしい。（国交省のホームページ）

これらを考慮して、ある物（例えば農産物）一単位をつくるのに必要な水量全体を測る指標としてウォーター・フットプリント（W・F／水の足跡）、そして貿易品の生産流通に含まれる水を計量するバーチャル・ウォーター（仮想水）という表現が使われるようになってきた。なにかを作るのに、実際に必要な水の消費量がますます注目を集め、世界の水取引の実態が明らかになる時代が来たのである。

世界的な組織であるウォーター・フットプリント・ネットワークは、平均的なウォーター・フットプリントを計算した【表3】のような結果を公表している。日本でも似たような計算を公表している例があるが、計算根拠がはっきりしないうえ、農業経済学の専門家が作ったものではないなどウォーター・フットプリント・ネットワークの数字と比べかなり異なるので、ここでは世界的な平均指標を用いることにした。

それによると、農産物一キログラムを生産するために必要な水量はそれぞれ（単位リットル）、コメ三四〇〇、小麦一三〇〇、ダイズ一八〇〇、トウモロコシ九〇〇、牛肉一万五五〇〇、豚肉四八〇〇、鶏肉三九〇〇、砂糖一五〇〇、ジャガイモ九〇〇という。またコーヒーワンカップのためにその一〇〇〇倍以上の一四〇リットル、食パン一切れのために四〇リットル、ビールワンカッ

【表３】　農産物生産に必要な水の量
（ウォーター・フットプリント：W・F）

品　目　名	単　位	W・F
コメ	1kg	3,400 ℓ
小麦	1kg	1,300
大麦	1kg	1,300
ダイズ	1kg	1,800
トウモロコシ	1kg	900
ソルガム	1kg	2,800
アワ	1kg	5,000
卵	1個	200
牛乳	1ℓ	1,000
牛肉	1kg	15,500
豚肉	1kg	4,800
鶏肉	1kg	3,900
羊肉	1kg	6,100
パン	1切れ	40
チーズ	1kg	5,000
ジャガイモ	1kg	900
砂糖	1kg	1,500
リンゴ	1個	70
リンゴジュース	1カップ（200ml）	190
コーヒー	1カップ	140
オレンジ	1個	50
茶	1カップ	30
ワイン	1グラス（125ml）	120
ビール	1カップ（250ml）	75
ハンバーガー（150g牛肉含）	1個	2,400
工業製品（米国）	1$当たり	80

資料：Water Footprint Network.

プ（二五〇ミリリットル）には七五リットルという莫大な量の水を必要としていることが明らかになっている。

ビールをたったワンカップ飲むだけで、ビール瓶（大瓶）にして一一〇本分の水を飲んでいるのと同じことになる。

【図4】は家畜生産を例に、最近注目され出したウォーター・フットプリントとは何かを説明したものである。まず家畜を育てるには飼料が必要なので、その生産のために水が必要になる。その後、生産された飼料を家畜に与えて家畜を育てるが、その際にも飲み水や畜舎の清掃などのために水が直接消費される。そして出荷された後、解体・枝肉・精肉となってゆく加工過程でも、直接の水消費が行われ、その後、小売、消費と川下まで行くが、それぞれの過程で、さらに水が直接に消費される。これらの過程で消費される水を指して直接的ウォーター・フットプリントと呼んでいる。

他方、これらの過程において直接消費されるだけでなく、飼養過程などで人間の飲む間接的な水の消費がこれに加わる。これらを間接的ウォーター・フットプリントと呼んでいる。

ではバーチャル・ウォーターとウォーター・フットプリントとの関係はどうかというと、【図5】がこれを説明している。この図によれば、国内の水消費は、国内生産物に要した水消費（ウォーター・フットプリント）から輸出した分を控除し、輸入された生産物を加え、そこに再輸出分がある場合はそれも控除したものに要した水消費がその国における純粋な水消費（ネット・バーチャル・ウォーター）だ、ということを示したものである。

【図4】 家畜生産の直接的・間接的ウォーター・フットプリント過程

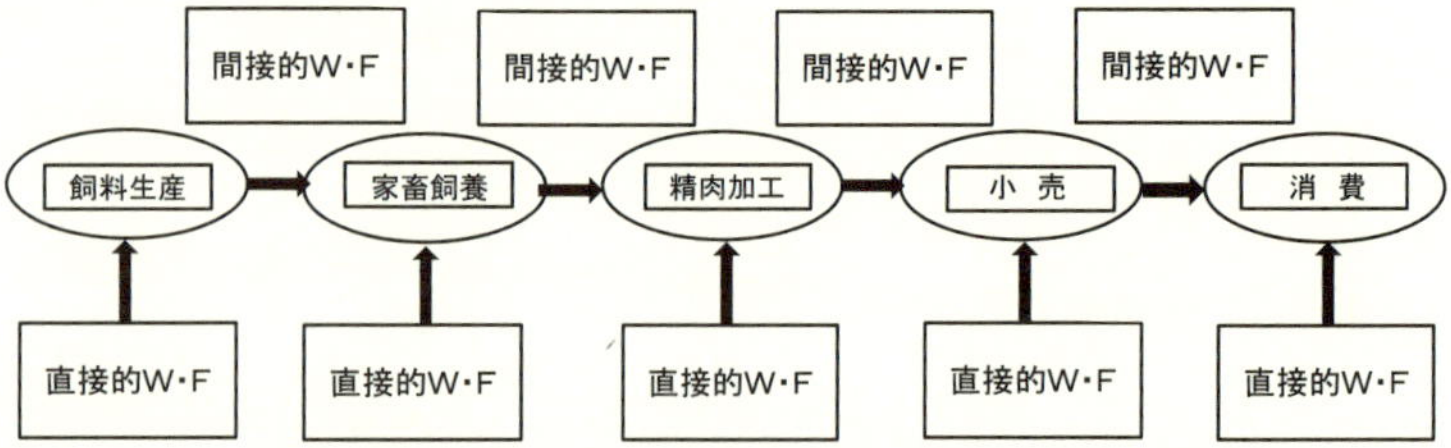

〔資料：Arjen Y. Hoekstra, et al,"The water Footprint assessment Manual"2011,p.24.〕

【図5】 ネット・バーチャル・ウォーターの導き方

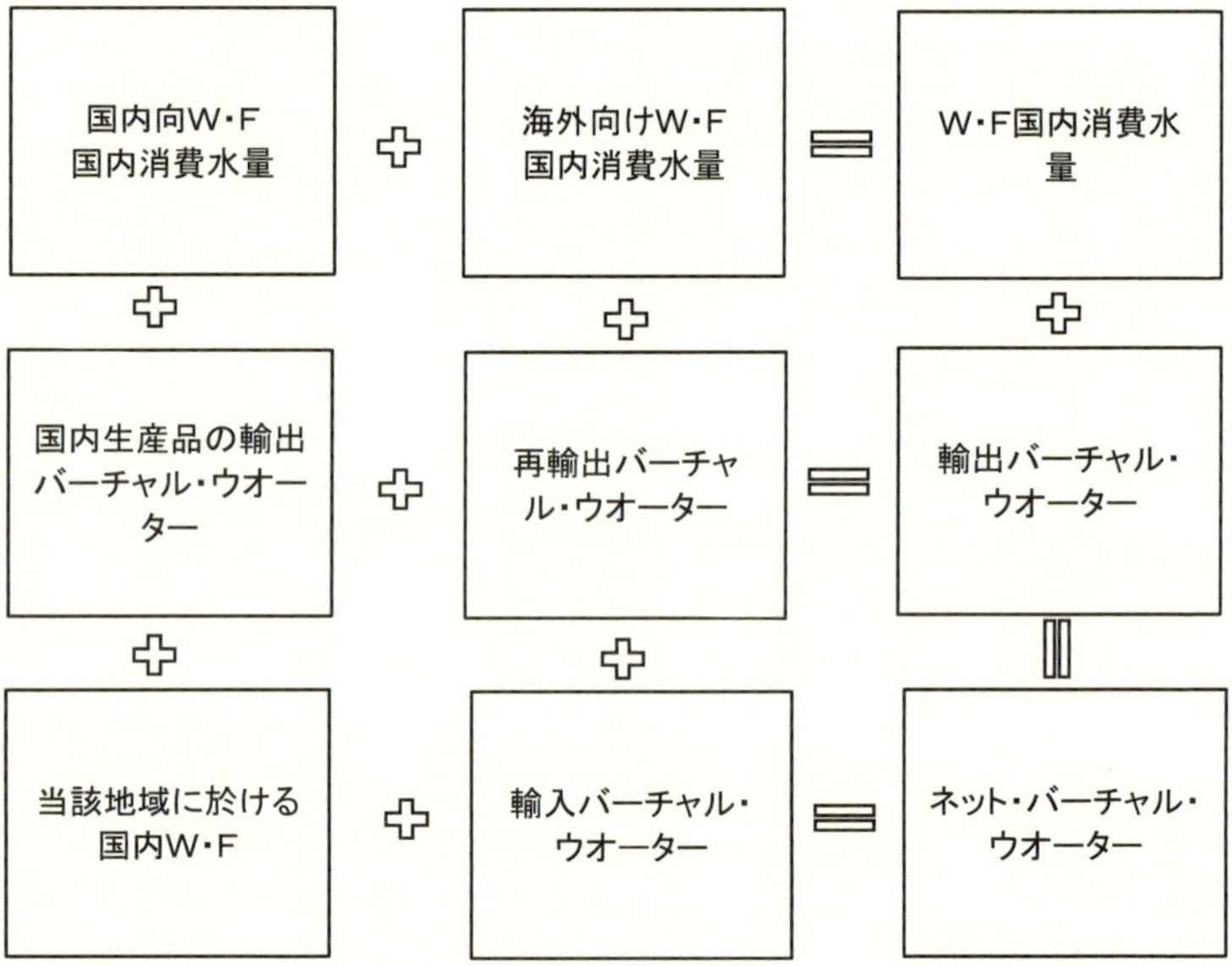

〔資料：Arjen Y. Hoekstra, et al,p.56.〕

こうした考え方にもとづくと、より正確な水消費量を把握することができる。日本でいえば、直接、日本で消費された水量に加え、年間、あと数百億立方メートルの水が消費されていることになる。

なお、以上述べた自然災害型食料危機によって、人類が被る食料危機の程度は大きく、そして多くの要因が複合的に起こる可能性があるので、それを数字で示すことは残念ながら不可能である。人間の食料確保は、都会の消費者には無縁のようにみえるこうした自然の脅威に対する農民の闘いがあってはじめて、実現できていることに改めて目を向けていただきたい。

6 人災型食料危機

人災型食料危機の深刻さは自然災害型に引けを取らない。新型世界食料危機は、自然災害が起きた後の初動的な対策や中長期的な対応がきめ細かく行われるべきときに誤った対応をとった結果としても起こる。これには政治・行政的なものと私的なものとがある。

さらに、自然災害とは別に、人間の意図せざる生活の結果や経済的営み、政治・行政的な取組みが予想せざるマイナスの効果をもたらしてしまったような場合にも起こる。

たとえば①原発災害や工場排水、排ガスなどによる農地や水の汚染、②世界に広がる耕作放棄地、③人口の増加や政治問題に起因する食料不足や飢餓、④新興国の食料需要の急増、⑤目に見えないスピードで普及する遺伝子組み換え植物、⑥穀物メジャーとよばれる巨大な商社や種子企業が独占する種子産業の闇、⑦穀物や野菜、畜産品の確保を脅かす地球温暖化、⑧土壌の流出と汚染、⑨過剰な開墾による自然環境破壊、⑩化学肥料の過剰投与による土壌劣化、⑪農薬の過剰散布と残留農薬の恐怖、⑫危険な添加物を含む加工食品の氾濫と人体汚染などがこれに当たる。

以下、主だったものに焦点を当てて見ていこう。

7　原発災害と食料危機

現在、日本の原子力発電所は、完成したものが五四基（総出力四八八五万キロワット）、建設中が二基、着工準備中が一二基あるという。東日本大震災が起こるまで、着工準備中一二基のうち七基は東北地方に建設される予定であった。震災によって、この計画は白紙に戻されることになったようだ。いっぽう世界の原子力発電所は、稼働中四四三基、建設中六七基、準備中一六二基といわれる。

中国では現在一三基が稼働中、建設中が二五基、このほか、さらに三五基を建設計画に組み入れている。東京電力福島第一原子力発電所事故のため、計画に変更が起こることは避けられないだろうが、やがて世界一の原発大国になる可能性が極めて高い。

原発は絶対に安全と言われ続け、多くの芸能人がテレビコマーシャルに出演して、人びとに安心感を植え付けるのに一役買った。実はそれはまったく信用ならないものだった。

今回の東日本大震災は想定外だったと、だれもが口をそろえて津波の被害の甚大さを表現した。

それは青森県、岩手県、宮城県、福島県、茨城県、千葉県の沿岸部の農地を奪い、農産物の栽培施設や物流システムも一挙に破壊した。確かに津波の被害は大きく、今後数年間は、海水を被った農地は作付けができないといわれるほどの被害を受けた。

この被害をさらに大きく、長引かせる要因が福島第一原子力発電所の一号機から四号機までに発生した重大な放射能発生事故だった。地震発生後六ヵ月がたった現在も、まだ原子炉の安定化は達成されていない。この事故はチェルノブイリに匹敵する膨大な量の放射性物質を農地や多くの農水産用施設、食品加工施設にまき散らし、今後数年いや数十年にわたって、監視を続けなければならないであろうくらいに深刻なものだ。

日本ではなお五四基の原発が存在し、再び巨大な地震がくれば、福島第一原子力発電所と同じ恐怖が再来しないともかぎらない。世界では、脱原発を決めたドイツのような国もあるが、中国、アメリカやフランスのように、なお建設を進めようとする国は少なくない。人間が作ったものは、いつかは壊れる。壊れなくとも起こるのが事故や突発的な故障だ。松本三和夫氏の『知の失敗と社会』（岩波書店）のように、事故や危険性は人間にとって避けることはできないものだとの警告を発し続けてきた専門書もある。

だから人間は、原発はけっして安全ではなく、事故は起こりうるのだということを自覚したほうがよい。そのうえで、かりに想定外の事故が起きた際でも避難できる方法や安心して暮らせる準備をしておくべきだと思う。現実的なのは、原発に頼らないで済むエネルギー資源の開発にお金をかけるか、それとも多少は不便だが、原発がなくても暮らせる生活様式に移ることだ。

また津波による経済的被害も深刻だった。今回の事故で、被災者の食料や飲料は消滅し、あるいは道路や輸送手段の問題から何日も不足し続けた。そればかりでなく、農水省によると、一万五〇〇〇ヘクタールという最大の被害を受けた宮城県を始め、六県合計で二万三六〇〇ヘクタールもの農地が使えなくなった。

どこもかしこも廃材の捨て場とまちがうほどにがれきで埋まった農地をきれいにしても、まだまだ海水につかった塩害を取り除くには三年もかかるという。農水省は地震による第一次産業の直接被害額を約二兆円以上（七月時点）とはじいた。さらに放射能汚染や風評被害からなんの問題もない農産物が売れずに廃棄処分になった。この部分は算定にやや難しい点があるが、風評被害にあった地域を合計すれば数兆円に達する可能性もあるという。

今後は、関東直下型地震や、東海・南海・東南海連動型地震がいつ来てもおかしくないといわれる。何も起こらないに越したことはないが、万が一、不幸にして大規模地震やそれに伴う原発事故が起きたとしても、今回の東日本大震災の経験を安全な食料の早急な確保のために生かせるようにしたいものだ。

しかし、大地震や自然災害はなにも日本に限ったことではない。地震、洪水、干ばつ、台風や竜巻は世界のあらゆるところで起きている。しかも最近はすでにみたように、地球温暖化の影響といわれる干ばつの世界的広がりがとくに深刻だ。

8　深刻化する農業用水不足

人間は平均して一日当たり一・五〜二・〇リットルの飲料水を必要とするが、ウォーター・フットプリントの考え方によれば、水を直接飲むだけでなく食料や工業製品の形を通して、眼には見えないが実に多量の水を消費していることがわかる。人口の増加や生活様式の近代化は世界の水需要を飛躍的に増加させている。

そして干ばつはそのまま、農業用水の不足を意味する。

アメリカのカリフォルニアは世界的な農業地帯であるが、そこには巨大な農地が飲み込む水を供給できるような大きな水源はない。遠く、ロッキー山脈から伸ばしたパイプラインで運んだ水を農場ごとに配管した、パイプ灌漑と呼ばれる方法で農業を行っている。そこに立つと、土壌とは思えない毎日がカンカン照りで固くなった真夏の学校の校庭のような薄茶色の固い土が広大な面積の農場を形作っている。

アイダホあたりで行われているのが深く掘った井戸から水をポンプで吸い上げて、数百メートルはあろうかと思われる巨大なスプリンクラーを回転させて、円形の畑を作り出すセンターピボットといわれる灌漑農業である。【写真2】がその例である。大きなものだと半径一キロメートルという巨大なものもある。人間が大地に刻んだもっとも芸術的な地上絵のような存在にも見える。

このような方式の農場は、サウジアラビアなど水の不足する国々でも構築されている。そのう

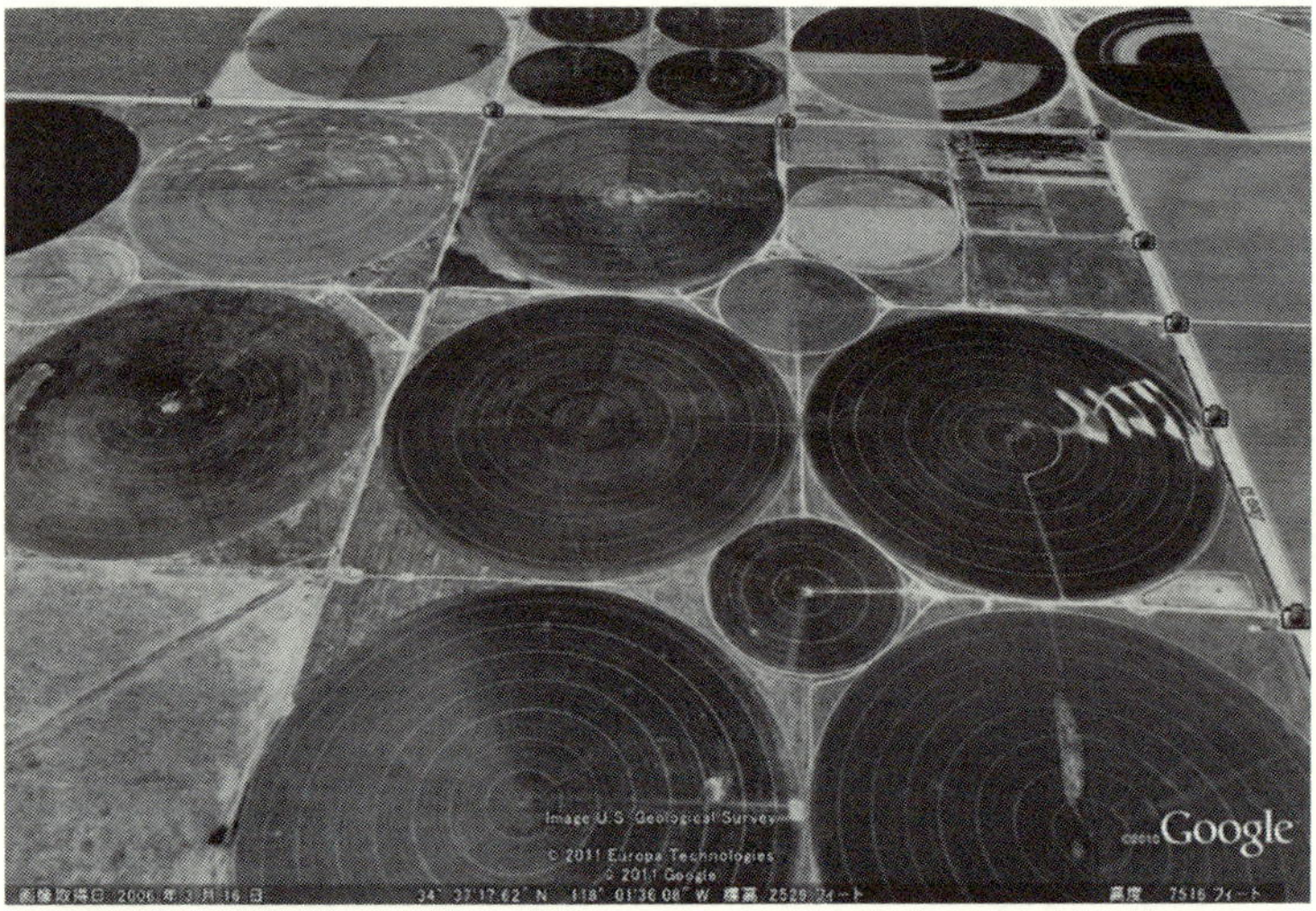

【写真2】 アイダホのセンターピボット（774メートル上空から）

ちの一つが水の足りない中国の内陸部にもある。そこで見たのはアメリカのセンターピボットそのものだった。【写真3】がそれである。アメリカでそれを見たある者が中国でも使えると持ち込んで設置したものだ。半径百メートルの長いスプリンクラーが水を噴射しながら、ゆっくりと反時計まわりに回転する。そうして、円形の畑ができあがる。

センターピボットは大規模農場を一気に作ることができる反面、大きな問題を持つ。地下水を大量に吸い上げ、またたく間に枯渇させるのだ。だから、数年もすると同じ場所での農耕は不可能になり、農地は放棄されやがて荒れ放題となってしまう運命にある。

中国では普段から農業用水不足が深刻なうえに経済成長が続き、工業用水や生活用水の需要が急増している。とくに近年は、洗車、洗濯機、シャワー、水洗トイレ、庭の散水などの生活用

【写真３】　中国銀川のセンターピボット（半径 100 メートル）〔筆者撮影〕

水の需要増加がある。そのために、農業用水を削って工業用水や生活用水の需要に回すしかなくなってきているのが現状だ。それでも、中国人の一人当たり水供給量はわずかでしかない。今後はあらゆる面で水の需要が増えることは確実で、そのあおりを農業用水が受けることは避けられない。そうなれば、農業生産を低下させるおそれが十分にある。

中国の水資源は二兆四〇〇〇億立方メートル、うち九五・六％は地表水である（二〇〇九年）。水資源全体を一人当たりに換算すると年間一八〇〇立方メートルにしかならない。しかし、実際に利用できる水量は年間で四四八立方メートルと四分の一に減る。日本人は三〇〇〇立方メートル以上だから、中国人の約七倍以上だ。

一般に農業、工業、エネルギー、環境な

どに必要な一人当たり水資源量は年間一七〇〇立方メートルといわれ、それを下回ると国際的な指標である〝水ストレス〟状態になるといわれる。これが一〇〇〇立方メートル以下の場合を国際社会は「水不足」と定義している。この定義にしたがえば、中国は〝水ストレス〟社会に入るか入らないかギリギリの状態といえる、四四八立方メートルという実際の利用可能量からすればかなり深刻な水問題を抱える国であることはまちがいない。

9　世界に広がる水質汚染

人間が使える地球上の水はほんのわずかな量にすぎない。我々がふだん使っている水は汚染に悲鳴を上げている。人口増加による水需要の急増、工場廃水や農業廃水、なによりも大きなウエートを占める生活雑排水の増加……。水質汚染はこうした要因で起きている。

毎年三月二二日は国連世界水の日（ワールド・ウォーター・デイ）だが、昨年（二〇一〇年）のその日、国連は多くの国で都市化が進み、それがもとで水の汚染が急ピッチで進んでいる現状に警告を発した。

いまなお七億九〇〇〇万人が衛生的な水との共存生活から取り残され、個室トイレを使えない人々が一九九〇年の一億四〇〇〇万人から二〇〇八年には一億七〇〇〇万人へと三〇〇〇万人も増えたという。低開発国やミドルクラスの国家のほとんどでは、汚水がなんの処理もなされないまま川や海へ直接流されている。そして毎日、二〇〇万トンの汚水が世界の水を汚しているという。汚水を処理施設へ運ぶパイプがないために苦しむ国々も多い。

このような現状を解決するには莫大な費用と多数の人々の生活様式の改善が必要である。水質汚染は、地下水汚染、地表水汚染に分けられ、地表水汚染はさらに河川汚染、湖沼汚染、海水汚染に分類される。ここでは地下水汚染と河川汚染を中心に見ていこう。

10　地下水汚染

まず地下水汚染だが、世界的に日々深刻さを増している。

地球に存在する地下水は前述のように地球全体の水の〇・六八％（淡水）分しかない。量にして九五八万一二〇〇立方キロメートルである。氷河を除けば最大の水瓶だ。その地下水汚染が起こる原因はさまざまだ。そのうち最大のものは化学廃棄物や生活廃棄物である。

加えて、あまり注目されないが農地やビニールハウス内部の野菜や土に撒かれた農薬や化学肥料も地下水脈に流れ込み、汚染源の一つになっている。農業は環境保全の役に立っているとばかりはいえない現実がここにはある。

多くの国では、未処理の廃水の一部はそのまま地下水脈にまで達し、地下水を直接汚す。多くの後進国では東京ドームほどもある広さの大きな穴を掘り、そこに生ごみも、ビン類も、プラスチック類も、ビニールも、ボロ布も、有害な農薬のビンも何もかも一緒に直接捨てられていく。

やがてゴミの中から有害な汚水が悪臭とともに滲み出し、大きな穴から浸透して地下水脈にまで

【写真４】　汚染された飲料地下水　兎耳関村民が飲み続けた地下水（左）と普通の水（右）。（『昆明日報』2010.8.13）

たどり着く。こうして汚れた茶色の地下水が井戸から汲み上げられる例は、けっして珍しいことではない。

二〇一〇年七月、国際地下水シンポジウムが中国北京で開催された。

その席で、ある専門家が、中国の地下水の九〇％は何らかの原因で汚染され、そのうち六〇％は非常に深刻な汚染状態にあると報告し、参加者から驚きの声が上がった。中国の場合、全人口一三億人以上のうち、七〇％の飲料水は地下水を汲み上げたものだ。それだけにこの報告は極めて衝撃的なものだった。とくに都市の地下水の場合、平均よりも高い六四％が深刻な汚染状態にあるという。

このシンポジウム以外の場でも、中国の一流大学である北京大学や中国人民大学の環境問題専門家は独自の地下水の水質調査の結果をもとに、中国の都市の水質汚染は深刻であるといい、先のシンポジウムの報告を裏付けている。

中国の地下水汚染は農村でも深刻で、汚れた井戸水を長年にわたって飲んできた農民が集団で癌を患い死亡する例も至るところで起きている。【写真4】の左側のコップの水は昆明市兎耳関村《うじせきむら》に属する面積三・四平方キロメートルの一地区、人口七二〇人（二〇一〇年）の村びとが飲んできた水である。

その影響ともみられるが、村民の三七名がさまざまな癌にかかり、うち二七名が死亡するという痛ましい事件が起きた。【表4】で示すように、約半分は兎耳関村の村びとであり、残りの半分も

【表4】　昆明、兎耳関村の癌死者

	性別	病名	年齢（歳）	居住村
1	男	胆管癌	47	兎耳関村
2	男	鼻癌	41	新房子村
3	男	肺癌	60	響水村
4	男	肺癌	51	新房子村
5	男	肺癌	不明	兎耳関村
6	男	肝臓癌	不明	楊梅青
7	男	血液癌	27	瑣梅凹村
8	女	脳癌	68	兎耳関村
9	女	肺癌	63	響水村
10	女	リンパ癌	42	兎耳関村
11	男	肺癌	62	大水塘村
12	男	肺癌	65	兎耳関村
13	男	肺癌	63	瑣梅凹村
14	女	脳癌	49	兎耳関村
15	女	胃癌	84	響水村
16	男	膀胱癌	45	関青村
17	男	前立腺癌	36	兎耳関村
18	女	乳癌	34	白種村
19	男	睾丸癌	44	新房子村
20	男	食道癌	55	兎耳関村
21	女	乳癌	62	兎耳関村
22	女	胆管癌	58	兎耳関村
23	女	肝臓癌	59	三岔河
24	女	肝臓癌	48	兎耳関村
25	男	食堂癌	53	三岔河
26	男	前立腺癌	81	兎耳関村
27	女	脳癌	56	兎耳関村

〔兎耳村衛生室資料〕

この水を長年飲んできた近隣の村びとである。癌の種類は多様であり、汚染された飲料水を飲み続けると、いかに人体の隅々にまで大きな異変をもたらすかをこの村の人びとは身を持って教えてくれたといえまいか。

地下水汚染の一方で、地下水の過揚水が大きな問題となってきた。つまり地下水が減ってきたのだ。陝西省のある地方では、地下水の水位が下がり、水を二〇〇メートルも下からポンプで汲み揚げなければならないほどになったという。現場をみると、井戸を覗いても水面は見えず、深い底にはただ暗闇があるのみだった。

11 河川汚染

各地の河川の汚染も深刻だ。河川汚染には、恒常的なものと事故など突発的なものとがある。いずれも水を汚すという点では変わりはないが、継続性という面ではまったく異なる。恒常的な汚染は流域全体に継続して大きな影響を及ぼすのでより深刻だ。これに比べ、突発的な汚染は化学工場の廃水や農薬の廃棄等による人為的な、瞬間的に起こる事故によるものなので継続性は少ない。

ここで取り上げるのは恒常的な河川汚染である。日本でも、高度経済成長期に阿賀野川流域の水銀汚染や神通川流域のイタイイタイ病など、工場や鉱山の廃水が原因で起きた人命を奪うほど深刻な河川汚染が起きたことがある。これと似たようなことが、いま多くの新興国で起きている。

例えば中国は、二〇〇九年の全国の工場廃水と生活廃水は合わせて五八九億トン、うちアンモニア性窒素化合物が一二二万トンに達する。これらの大量の汚染水が、河川や海に流れていく。

全国には七万七〇〇〇の汚水処理場があるが、まだまだ不足している。とくに問題の大きい生活雑廃水を処理する施設が非常に少なく、汚染水が河川に集まりやすい状態が続いている。中国農村ではまだまだ水洗トイレが少ないが、簡易水洗トイレを設置する家が出始めた。この場合、二つの問題がある。汚水処理場までつなぐ下水道が未整備、あるいは水洗トイレを設置しても浄化槽や汚水処理場がない、という問題である。その結果、トイレから流れ出た汚水をやむをえず近くの小川か池に直接流すのである。

さらに河川汚染は工場廃水や生活廃水だけではなく、農薬や肥料を含んだ農業廃水にもまた大きな原因がある。

昆明にある琵琶湖ほどの大きさの滇池《てんち》や上海の近くの大湖は富栄養化のため、魚類や水性植物は存亡の危機に直面している。滇池をみたとき湖面は汚染され、漁民の一人は、魚はほとんど獲れなくなったと嘆くばかりだった。周辺には多数の畑があり、排水溝から汚れた農業廃水が流れ込んでいた。

【写真5】の白い葉っぱのようなものは河川汚染のために死んだ多数の魚だが、こうした例は決して珍しいものではない。そしてまた、過去の話ではなくつい最近、大きな都市で起きた身震いするような事件なのである。

【写真6】は農村調査の途中で、異様な臭いの方へ歩いて行った先で遭遇した河川の様子である。色は真っ黒、呼吸もできないほどの強烈な臭いが漂うところで撮った写真だ。川というよりもどぶ

【写真5】 浮き上がった魚（南京市内，泰淮河 2011.4）（「楊子晩報」2011.4.19）

【写真6】 真っ黒な悪臭汚水の川（中国西部）〔筆者撮影〕

に近いと思った。この川はやがて近くの大河につながる。一部は地下水脈に浸透し、やがて飲み水や農業用水となるのだ。

このような悲惨な現状を改めるために、地方政府の官僚とときに対立しながら奮闘しているのは一部の中国の環境活動家や環境研究者である。

12 急増する遺伝子組換え農産物の危険性

国連によると世界の人口は二〇一一年中に七〇億人を超え、二〇五〇年までに九三億人、二一〇〇年までに一〇〇億人を超える見通しだという。なお一〇億人以上が飢餓や栄養不良の状態にあり、また新興国を中心に食料需要が増えているが、その需要にこたえる一つの方法として生まれたのが遺伝子組換え（GMO）動植物である。

遺伝子組換えとは「ある動植物から特定のタンパク質に対応する遺伝子を取り出し、改良する対象動植物の細胞に遺伝子を導入、細胞がタンパク質を合成するようにさせること」（農水省）である。これにより、従来の品種改良のように動植物の「種」にとらわれることなく、時間を節約しつつ、目的とする形質をもつ自然界に存在しない新しい動植物を出現させることができる。

遺伝子組換え動植物には以下のような特別な利点がある。つまり、遺伝子組換えにより、①病気に強い、②除草剤に強い、③害虫に強い、④乾燥に強いなどの性質を持つ動植物を得られることである。ただし、生物多様性への影響、食べた場合の人体への影響が依然として懸念されている。

【写真７】 輸入港周辺で自生する遺伝子組換え植物（セイヨウナタネ）〔農水省資料〕

懸念される生物多様性への影響には、①遺伝子組換え農産物が有害物質を生み出し、他の動植物に影響を与える、②遺伝子組換えにより、元の動植物よりも繁殖力が強まったり雑草化する、③遺伝子組換え農産物で自生したものが同種の植物と交雑する、④害虫に抵抗力のある農産物を栽培し続けることで耐性のある害虫が生まれる、などがある。

また人体に対しては、①遺伝子組換え食品がアレルギーを引き起こさないか、②遺伝子組換え食品は継続して摂取しても問題はないか、③害虫が死んでも生き残る遺伝子組換え植物が人間には害がないと本当にいえるのか、④遺伝子組換え植物を飼料とする畜産物を食べても本当に人間には何の影響もないのか、などが懸念されている。

すでに生物多様性への影響として、現実に輸入港周辺では何らかの理由により、厳格に管理されているはずの遺伝子組換え農産物が自生する例が日本でも報告されている（【写真７】）。

これらの懸念に対し、ＣＯＤＥＸ（国連食料農業機関と世界保健機構が共同で設立した国際食品規格を策定する国際機関）は二〇〇三年「遺伝子組換え植物由来食品の安全性を評価するためのガイドライン」などを採択し、国内では農水省や厚労省が一定の基準にもとづいて、栽培試験や生産の承認業務を行っている。

この結果、日本で栽培が承認されている農産物はいまのところ、トウモロコシ、ダイズ、セイヨウナタネ、綿花、アルファルファ（飼料）、バラ、カーネーションにとどまっている。

農水省その他によると、これら遺伝子組換え農産物の最大の栽培国はアメリカで、二〇一〇年時点で六六八〇万ヘクタールの農地に、トウモロコシ、ダイズ、綿、リタネ、テンサイ、アルファルファ、パパイヤなどを栽培し輸出もしている。以下、ブラジル二五四〇万ヘクタール、アルゼンチン二二九〇万ヘクタール、インド九四〇万ヘクタール、カナダ八八〇万ヘクタール、中国三五〇万ヘクタールなど、地球全体で合計一億四八〇〇万ヘクタールに及んでいる。これは中国の総耕地面積にほぼ匹敵する広大な面積だ。

国際アグリバイオ事業団（ＩＳＡＡＡ）によると二〇一〇年時点で、世界で遺伝子組換え農産物を生産している国は二九ヵ国に上る（栽培面積の少ない日本を加えると三〇ヵ国）。

日本が輸入する主な遺伝子組換え作物はトウモロコシ、ダイズなどだが、二〇〇九年にはトウモロコシをアメリカ、ウクライナなどから一六〇〇万トン、ダイズをアメリカ、ブラジル、カナダなどから三四〇万トン輸入している。日本は、遺伝子組換え農産物の世界有数の輸入国だ。

品目別の作付面積でみると、世界で最も多く栽培されている農産物はダイズ七三三〇万ヘクタール、以下トウモロコシ四六〇〇万ヘクタール、綿二一〇〇万ヘクタール、ナタネ七〇〇万ヘクター

【表５】　遺伝子組換え栽培面積の推移

単位：万 ha

	1998	2001	2005	2010
除草剤耐性ダイズ	1450	3330	5440	7330
除草剤耐性トウモロコシ	—	210	340	700
除草剤耐性ナタネ	240	270	460	700
除草剤耐性ワタ	170	250	130	140
害虫抵抗性ワタ	—	190	490	1610
除草剤耐性・害虫抵抗性トウモロコシ	670	770	1780	3900
除草剤耐性・害虫抵抗性ワタ	250	240	360	350

〔資料：モンサント〕

ルなどとなっている。このほか少ないが、ドイツではジャガイモも栽培され、中国ではコメ、コムギなどの穀物も予定に上がっている。驚くなかれ、二〇一〇年の世界の作付面積でみると、ダイズの八一・四％、トウモロコシの三〇％はすでに遺伝子組換え農産物となっているのだ（ＩＳＡＡＡ）。

一九九八年から二〇一〇年まで、遺伝子組換え農産物栽培の目的ごとの栽培面積がどのようになっているかを【表５】でみると、圧倒的な増え方をしているのが除草剤耐性ダイズで一四五〇万ヘクタールから七三三〇万ヘクタールへ、次いで除草剤耐性・害虫抵抗性トウモロコシで一九九八年の六七〇万ヘクタールから三九〇〇万ヘクタールへと急増している。

ここから、遺伝子組換え農産物栽培の最大の目的は除草剤耐性と害虫抵抗性を持つ農産物の開発と普及にあることが明らかとなる。除草剤耐性とは、雑草を枯らすための農薬を撒いても枯れないという特性を持ったもののことで、害虫抵抗性とは害虫が寄りつかなかったり、害虫を死に至らしめるような遺伝子を持つ農産物のことである。

はたして、このように遺伝子操作をしてできた農産物を人間が食べても、あるいは飼料として食べる家畜やその家畜を食べる人間にも害がないといえるのか？

実は、この保証はまだできていない。危険が現実にならないようにと、国や企業はさまざまな研究を行い、安全と思われる範囲で栽培や摂取を許容していると信じたいのだが、まだ登場してから十分な時間を経過していない遺伝子組換え農産物がまったく安全だという実証をした国はどこにもない。安全と言われ続けてきた原子力発電所の惨状を見るにつけ、現段階では、遺伝子組換え農産物も本当に安全なのかという疑問はぬぐえず、すでに肺疾患や肝臓疾患、生殖能力低下、アレルギーなどの問題を指摘する声も多くなってきた（アンドリュー・キンブレル、白井和宏訳・福岡伸一監修『それでも遺伝子組み換え食品を食べますか？』筑摩書房）。

中国も遺伝子組み換え農産物の栽培を行い、栽培面積は現在、世界で第六位である。中国が最初に栽培した遺伝子組換え農産物は一九九九年の綿花である。中国の資料では前掲の資料よりやや多い三七〇万ヘクタール、日本の水田面積を一二〇万ヘクタールも上回る多さだ。江蘇省科技情報研究所の研究員の論文によると、二〇〇九年から本格的に遺伝子組換え農産物の試験を始め、害虫抵抗性を持つ稲やトウモロコシは間もなく実用化される見通しだという。

ただし同論文によれば、湖北省、湖南省、福建省、広東省で行った検査で、販売されているコメの中から違法な遺伝子組換えのコメが検出されたという。このことは、中国では公式的にはコメの遺伝子組換え作物はまだ作付け、販売する段階にないことになっているが、実際には栽培され、流通に乗っていることを示すものだ。コメにしてそうだから、トウモロコシや、中国で不足するダイズなども コメと同様の状態にある可能性も否定できない。

もし、在来種との交雑を起こしたり他の植物との遺伝子交配を起こしたり、そして作られた遺伝子組換え農産物の種子も素人の手に渡らないよう厳格に管理されなかったりすると、遺伝子組換え農産物が自然繁殖して、在来種を追いやるおそれも否定できない。

中国には約八〇〇〇の種子改良・販売業者があるが、アメリカなどの海外企業に押されて、その市場占有率は野菜の種子の場合で半分にも満たないので、市場を奪還しようという動機は強い。ここに、遺伝子組換え農産物の開発と普及が中国で希求される有力な根拠がある。

遺伝子組換え農産物は、食料危機に対する解決策という一面もあるが、それ自体が危険性をはらんでいる点を忘れてはいけない。そして、世界の種子と食糧を独占しようとする世界の大農業企業による経済的目的という点では、新型世界食料危機を増幅する要因にもなりうることに留意しなければなるまい。

13　蔓延する食品添加物と加工食品の危険性

人類の生活様式の発展そのものが、自らを危機におとしめている最大の問題として、食品添加物と行き過ぎた食品加工があると思う。

日本の場合、食品添加物は厚労省の管轄であるが、食品衛生法によって四種類に分けられている。すなわち指定添加物、既存添加物、天然香料、一般飲食物添加物である。二〇一一年時点で、指定添加物は全部で四一三品目、既存添加物四一九品目（以上、日本食品添加物協会資料）、天然香料は六〇〇品目、一般飲食物添加物は無数、という内訳である。

ここで、たとえば指定添加物とはソルビン酸やキシリトールなどであるが、その原材料がなんであるかは問題ではない。主には化学的合成によるが、天然のものでもこれに含まれる。「指定」の意味は、原則として添加物は許可しないが、食品衛生法にもとづき、国が指定するものに限り許可するという趣旨からこういう表現が用いられているらしい。既存添加物は天然添加物であり、クチナシ色素や柿タンニンなど経験的に使用されてきたものを指すが、中には化学的合成によるものも含まれる。一般飲食物添加物とはイチゴジュースや寒天など、素人目には添加物というより食品の原材料の一部のようなものが多い。

官僚と業界の一部にしか通用しない区分であり、筆者にもこの三つの違いはよくわからない。ただ、食品添加物の形質上の種類はわかりやすい。具体的には甘味料、着色料、保存料、増粘剤、安定剤、酸化防止剤、発色剤、漂白剤、防かび剤、イーストフード（パンの発酵を促す）、ガムベース（チューインガムの基礎材）、香料、酸味料、調味料、豆腐用凝固剤、乳化剤、pH調整剤（酸とアルカリの濃度を調整）、かんすい、膨張剤、栄養強化剤などのことである。

たとえばコンビニ弁当には、入っているおかずにもよるが、イーストフード、ガムベースを除くほとんどが添加されていると考えてもよい。ちなみに、筆者が昨日コンビニで買った弁当三八〇円の底に貼ってある紙に書いてあるものをそのまま転写してみよう。

「原材料名　梅しらす入りご飯、鶏竜田揚げ、つくね串、インゲンごま和え、ごぼうの炒り煮、かき揚げ、玉子焼、甘酢あん、付合せ、調味料（アミノ酸等）、着色料（カロチノイド、カラメル）、保存料（しらこ、ポリリジン）、リン酸塩（Na、K）、グリシン、酢酸Na、酸味料、増粘多糖剤類、ソルビッド、膨張剤、pH調整剤、加工デンプン、カゼインNa、香辛料、塩化K、（原材料の一部に小麦、乳、えび、大豆、さけ、さば、ゼラチンを含む）、しらすは、えび、かにが混ざる漁法で捕獲しています。」

正直いって美味しいものではなかった。あらためてこの梅しらす入りご飯の原材料と添加物を見てゾッとしている。いったい、自分が食べようとしたのは何なのか、わからなくなった。

聞いたこともない薬品のような名称のものもある。カロチノイド、ポリリジン、リン酸塩（Na、K）、グリシン、酢酸Na、増粘多糖剤類、ソルビット、膨張剤、pH調整剤、カゼインNa、塩化K……。ここまでくると、人間はついに、薬品を食べるロボットの一歩手前位でしかなくなった気がする。便利とは怖いもので、やはりいくつになっても、加工しない家庭の味が一番ではないか。

一九八円で買った二三三キロカロリーのポテトサラダは、弁当より小さいのにもっとすごいが、あまりにも原材料と添加物の品目数が多いので転写はしない。今度、コンビニで手にとって実際に観てみてください。

添加物の一部には摂取しない方が健康によいものが多数ある。日本の厚労省はそのことを認めるかのように、一部の添加物には一日当たり許容摂取量を定めている。たとえば、赤色二号は体重一キログラム当たり〇・五ミリグラム、五〇キログラムの人の場合の限度は二五ミリグラムである。つまり、摂らないに越したことはないということだ。

日本の食品添加物には、欧米では発癌性があるというので禁止された青色一号などは、いまなお平然と使われている怖さがある。日本では厚労省が食品添加物の許認可業務を担当しているが、その基準は欧米に比べるとはるかに緩いことで定評がある。つまり、危機意識が欧米より低いということを意味する。それだけ消費者は日々、危険な化合物等を口にしていることになる。なんと、生産量から判断すると一日当たり四〇グラムも飲み込んでいることになるようだ。

さらに悪いことに、多くの場合、摂りたくなくても勝手に付いてくるので始末に困る。実際、一般の消費者が気付かないところでも、食品添加物は必ず使われている。スーパーの精肉やハム・ソーセージ類（発色剤または着色剤など）、野菜ジュースやフルーツジュース（着色剤や防腐剤）、冷凍ハンバーグ（保存料、着色剤、酸化防止剤など）、各種調味料や麺つゆ類、そして輝くように美味しそうな数々の惣菜類（添加物は、書ききれないほど多い）にも、である。

これらの食品添加物の乱用は、日本に限ったことではない。中国では食品添加物の生産が非常に盛んで、現在、年間六〇〇万トン近くが製造され、輸出までされている。この国では大人の食べる食材や調理品だけでなく、乳児の命綱でもある粉ミルクまでもが、食品添加物で汚染される事件が多発している。日本に輸入される加工食品も事実上は大差ない疑いがある。

粉ミルク事件のようなことはしばしば起こる。そのため可愛い乳児に対するせめてもの愛情だろうが、中国の友人に頼まれて持てるだけの粉ミルク缶をお土産に持っていく姿を日本の空港でよく見かける。二〇〇八年には尿素入り事件で乳児の死亡事件が起き、二〇一〇年には女性ホルモン入りの粉ミルクが売られ、生まれて間もない女児の胸が膨らむという騒動が起きた。

中国の北方や西部では、マントウ（アンの入っていない白い饅頭を想像してください）を主食として食べる習慣がある。普通は、小麦を練って家庭でつくる家庭の味だ。しかし、まちの食堂や露店では安く手に入る。いつも思うのだがこのマントウの色はとても白い。

原料は小麦なので、本来は薄い茶色のはずだ。なぜ白いかといえば、漂白剤を使っているからである。だから、最近のマントウは同じように漂白された真っ白な紙と同じ色をしている。マントウを白くするのではなく、後述するが、マントウをつくるための小麦粉に着色剤か脱色剤を混ぜるのである。なかには違法の添加物が使用され、発覚しただけで年間一三万件にも達するという（『朝日新聞』二〇一一・五・一一）。

食品添加物は食品や食材に添加されるだけでなく、家畜の飼料にも添加され、食物連鎖を通じて、やがて人体を蝕む危険性もある。飼料に添加される食品添加物の消費がもっとも多いのは、世界一の畜産王国の中国である。また「食物を食べよ、食品は食べるな。食物とは未加工品、食品とは加工品」という声が中国では次第に大きくなってきている。加工品は添加物の塊だという警告である。

食品添加物は、中国では食品衛生法（一九九五年）で規定しているが、中国食品安全法（二〇〇九年）という法律と合わせ、法律のうえでは、健康に配慮した取り組みが行われている。

しかしその運用には問題があるとされ、小麦粉一キログラムには、小麦粉処理剤と漂白剤が二〇〇〇ミリグラム以上、増調剤三〇〇ミリグラム、水分保持剤とpH調節剤五〇〇〇ミリグラム、安定剤三〇ミリグラムなどの添加物が、また発酵麵には六〇ミリグラムの処理剤、二〇〇ミリグラムの酸化防止剤が使われているとの報道もある（中国「品牌と標準化」二〇一一年一月号）。恐ろしいことだが、着色剤、防腐剤などの中には、非食品添加物が食用に使われている例のあることが明らかにされたこともある（中国「化学分析計量」二〇〇九年）。

二〇〇五年頃から現在まで、人間の食料だけでなく畜産用の飼料に違法な添加物を混ぜることが流行している。〝痩肉精〟といわれる豚の飼料に混ぜる添加物は中国養豚業界や精肉業者の間で大きな問題になっている。痩肉精とは一種の薬品であり、これを飼料に混ぜると、少量の餌で豚は肥える。

だから、飼料代はもちろん、早期出荷が可能となるので養豚農家は儲かるということで、違法と知りながら各地で利用されている。この飼料を用いた豚肉を食べると、めまい、吐き気、じんましん、震え、虚脱症などが起き、高血圧、糖尿病、前立腺肥大などの持病のある人にとっては非常に危険だという。

この肉は素人には判別できず、だれもが買う危険性があり、二〇〇六年にはこの肉を食べたと思われる、二〇〇人以上の集団食中毒事件が起きた。中国ではこうした事件は日常茶飯事のことで、食品の安心を確保することは本当にむずかしいことだ。中国人はその実態をよく知っているので、日本人以上に有機農業に関心が高く、中間層以上の消費者は良質な食材を求めようとする志向が強い。最近の中国の食料品価格の上昇は年一〇％を超えるような勢いがあるが、その原因の一つにもなっている。

食品添加物のもっとも大きな問題は、輸入食品中の違法な食品添加物の有無、そして添加物が入っている場合、正確な表示がなされているかどうかが不明瞭ということである。これには輸出元の食品表示法の規制がゆるく、実におおまかな表示しかない問題もある。

中国の場合がこれにあたり、高速道路のサービスエリアで買った干し肉の袋やナツメの加工品が入ったプラスチックの容器に書いてある原材料の品目数は、まさかと思うほど少ない。食品添加物の記載内容はすこぶる雑ですべてを記載していないのである。

これが輸入食品ともなるともっと深刻である。たとえば冷凍ピザの場合。日本のピザの生地がA国からの輸入品、具が国産品だったと仮定する。この場合、生地は海外のA国で加工されるが、その原料の小麦粉がA国でつくられたものであるか、別のB国からの輸入品であるかは不明である。場合によっては複数の国の小麦粉が混ぜてあり、ある部分はA国産、ある部分はB国産かもしれない。そしてB国産の小麦粉にはある添加物が入っているかもしれないが、その有無はA国も日本も知ることはまず不可能だ。

関税引き下げなどの協定を締結している国同士の場合、貿易には国際ルールとしての「原産地規則」というモノの生産地をはっきりさせる義務があるが、加工食品の場合は自動車やパソコンなどと違って、この国際ルールを厳密に適用しあうことはまず不可能にちかい。

この抜け道を利用すれば、輸出国Aは、原料を自分の国でつくったようにみせかけて、実は加工だけして再輸出することも可能なわけである。この点はピザの具の場合も原理的には同じことだ。ピザを美味しくさせるムール貝が、C国で有害な餌を用いて養殖されたものであったとしても、輸入国である日本自身が厳密な検査でもしないかぎり、どこでつくられたムール貝か、そして与えられたのはどんな餌なのか、特定することはほぼ困難である。

したがって、食品添加物を加工後の最終食品に正確に記載することは困難であり、せいぜい、最終生産国で使った添加物をどれだけ正確に記載するか、という点が問題になるに過ぎない。食の安全を確保する手立ては、もはや善良な個人ではどうすることもできない、国境まで見えなくする遠い存在になってしまったのだ。ここにも危険がひそむ。

食品添加物は、新型世界食料危機の真骨頂といわねばならない。加工食品の氾濫とそれを可能にするための巧妙な技術がいっそう、この問題を捉えにくくし、同時に人間のささやかな健康への願いさえも奪うことになっている。

以上みたとおり、現代人の大きな問題の一つは新型世界食料危機によって包囲されているということである。そして、この危機はこれから本格的な展開期を迎えようとしている。我々日本社会は、この危機をいかに乗り越えればよいのか？　そして、世界で最大の食料消費国であり、新型世界食料危機の時代にあって、これに埋没するか、あるいは打ち勝つかによって、状況をガラリと変えるほどの影響力を持つ中国の食料をめぐる激動の今をみてみよう。

第Ⅱ章　新型世界食料危機と中国の世界戦略

1　枯渇する中国の資源

中国の石油資源は枯渇寸前である。

一九九三年に石油の純輸入国になってからＬＮＧ（液化天然ガス）の輸入が急速に伸び、中国石油、中国石油化工、中国海洋石油の三大エネルギー会社が世界中で資源開発と輸入を手がけている。鉱物資源もしかりである。石油資源の枯渇は食料生産にも影響する。

中国は資源エネルギー効率が日本の一〇分の一と低い。食料の生産には約九〇〇億キロワット／時の農村電力、二一〇〇万台のトラクター、肥料や農薬生産のための厖大なエネルギー、温室用の燃料などを必要としている。

エネルギー資源が枯渇すれば食料も枯渇する危険性が高まるのが現代農業の宿命である。そこで、食料確保のためには先手を打たねばならないが、それは後述する海外農業投資となって現れている。

また、中国では、日本はじめ海外の農業資本の導入を歓迎しているが、その背景には、海外からの農業技術や食品加工技術の導入という狙いもある。

2　中国で生き延びる日本の食料品投資

二〇一〇年についに日本を抜いて、アメリカに次ぎ、世界第二位のＧＤＰ（国内総生産）大国になった中国。二一世紀に入り、加速度的な成長をみせる中国の経済は、いまやアジアのみならず、世界経済をもリードしている。飛躍的な成長を遂げながらも、いまだ完全に成熟しきったわけではなく、伸びしろをたっぷりと残す中国経済の成長ぶりをみて誰もが驚く。と同時に、二〇一〇年秋の尖閣諸島問題で見せた威圧的な姿勢や南シナ海で拡大する海洋権益の追求姿勢に、周辺諸国が脅威を感じるのも無理のない話だ。

中国は改革開放以来、二〇〇九年まで実行ベースで累計一兆一〇〇〇ドルという多額の海外からの投資を受けて経済発展を遂げてきた。二〇一一年には単年度でも最高水準の一〇〇〇億ドルに達する勢いである。その大部分は製造業に投下され、国中の至るところに工場が建設され、いまや世界一の貿易立国であり、大量の雇用を創り、「世界の市場」にまで成長している。

近年、外資は製造業だけでなく、農業や食品加工業への投資を急速に増やしている。二〇〇九年時点で、海外から中国への農業投資額は累計二五〇億ドルに達する。外資系企業数は四三万四〇〇〇社だが、そのうち七二〇〇社は農林水産業関係の企業である(『中国統計年鑑』)。

日系食品企業による対中投資も世界有数の規模を誇り、二〇〇九年度は約九〇億ドル(『中国進出企業一覧』)と、世界で有数の規模である。投資の内容は、中国産の農作物や加工食品を日本に輸出する商社型事業や、自ら作った農作物や加工食品を、日本はもとより海外へ輸出する事業など、じつに多彩だ。中国では農業竜頭企業がこの役割を担うが、日本から進出した企業も基本的に中国の農業竜頭企業と同じ経営方式である。彼らは土地を取得し、自ら農業経営あるいは契約栽培と食品加工に取組む。

経産省によると、今後、海外投資を予定している日本の食料品メーカーの三割は、中国を目指しているという。これは日本の国別の食料品投資予定先の中では圧倒的に多い。中国で製造した食料品の品質、価格面での優位性が、日本への逆輸入を可能にしている。食料品メーカーにとって中国は、経営的に大きな魅力に満ちた国であることがよくわかる。

二〇〇九年時点で中国に進出した日本企業（現地法人）は中国以外を含めた海外進出全体の三〇％を占める五四六二（香港を含む）であり（中国は最大）、製造業三〇八九、非製造業二三七三という内訳である。現地雇用者の総数は一六〇万人近い。中国本土にある日系企業四四四三法人のうち、食料品製造一五九法人、農林水産業九法人となっているが、両分野を合わせた二〇〇九年度の売上げ実績について、経産省の第四〇回「海外事業活動基本調査」は以下のように報告している。

日系現地法人による中国現地（香港を含む）での食料品と農林水産業の売上げ総額は六五四八億円。うち、中国国内向け販売額は六〇七六億円（全体の九三％）、日本向け輸出額は三四四億円（同五％）、日本と中国以外の地域への販売額（第三国向け輸出額）は一二八億円（二％）である。

農林水産業についてみると売上げ総額は一八〇億円。うち中国国内向け販売額は一〇八億円（全体の六〇％）、日本向け輸出額は二七億円（一五％）、日本以外の地域への輸出額は四六億円（二五％）となっている。

このデータをみると、食料品や農林水産業関連の日系企業は、食料品や農産物などを「日本へ輸出」することよりも、「中国での消費」に回すことを第一の目的にしていることがわかる。全産業の三〇兆五三四三億円の売上げのうち、現地販売が六五％、日本向け輸出は一八％なのに比べると、食料品と農林水産業部門の日本向け輸出比率はやや低いが、年度によって変わるので、この点の比較にはあまり大きな意味がない。

日系食料品企業や農林水産業企業が中国へ進出するのは、中国で製造・加工した食料品を日本に輸出するため、という世間一般の認識とはかなり大きく異なっている。

中国における日系企業の市場確保は期待通りには進まないようで、八〇%弱のメーカーはマーケットシェアの確保に苦労しているという。現実は、なかなか厳しいということだろう。しかしそれでも、中国に進出している各国企業に占める日本の農業投資は圧倒的な強みを持っており、相対的には強い競争力と優位性を発揮しているとみて間違いない。

3　中国依存が続く日本の食卓

『中国進出企業一覧』(21世紀中国総研)によると、中国で食品加工や農林水産業関連事業を行う日系企業は、食品加工が本業の企業だけでも、二〇〇八年末時点で、約四〇〇の製造・加工拠点を持っている(台湾・香港を除く)。これに、非食料品企業が中国で営む食料品製造・加工拠点を加えると、さらに増える。貿易を含む食料品・飲料流通業、現地で展開する飲食店などを加えると、正確な数字を把握するのは不可能なほどである。

なお、食品加工業ではなく、農畜産業、林業、水産業といった第一次産品を直接生産する事業への、日本を含む海外からの直接投資は、中国の政府統計によると毎年約一〇〇〇件、平均一〇億ドルにのぼり、安定した動きをみせている。

ところで、日本人の記憶に新しいのは、輸入野菜の残留農薬問題や、毒入りギョーザ事件など、日本の食卓を直撃した中国産の輸入食料品にまつわる事件の数々だろう。

二〇〇九年二月、中国は「中国食品安全法」を公布し、同年六月から施行した。これに関連する政令等も公布され、日中間の相互食品安全検査の実施も合意をみるなど、食料品の衛生管理の面では両国の協力関係の改善が進んでいる点は評価できる。

しかし食料品の安全を脅かす問題への対処としては、加工段階だけをいくら注意しても解決や未然防止にはつながらない。農産物の生産段階での土作り、種まきや苗の移植、肥培管理（栽培中の農産物にかける手間ひまのこと）、収穫後の管理、輸送、保管など農業技術全般の改善なしには、安全は確保されない。

しかし、食料自給率が先進国では最低のわずか四〇％（カロリーベース）、穀物自給率にいたっては三〇％を割る日本は、日本の現地法人からの輸入は少ないが、それを補うかたちで現地の外国企業からの食料品輸入に頼らざるをえない状況にある。とくに中国からは、野菜輸入量の半分以上を頼らざるをえず、食料品全体では、中国はアメリカに次ぐ二番目の輸入先となっている。

依然、食卓に関しては「薄氷」を踏む危険をはらみながら、日本は中国に依存していく状況が続く。

4　中国農業変革の象徴——農業竜頭企業

日本が依存する中国農業の底力を示す存在の一つに、前出の農業竜頭企業がある。この企業の多くは株式会社である。企業経営のための資金調達はもちろんだが、農民から集めた農地を株式に転換して出資扱いにする点でも株式会社だ。

農業竜頭企業とは、農民からさまざまな方法で農地を集め、整地し、より大きな単位として大規模な農業経営や食品加工を行う私営企業のことである。「竜頭」とは、中国で「牽引する者」という意味がある。すなわち、竜頭企業は、中国農業を牽引するリーディング・カンパニーということになる。

竜頭企業は二〇一〇年上半期の時点で、中国全土に約八万社ある。農民と企業を結び付ける仲介組織（農民専業合作社や野菜協会など、日本の専門農協のような組織が中心）を含めると二一万社に達する。中国政府は、これらの企業が「帯動」、つまり契約する農家戸数は一億戸とみているが、これは中国全農家戸数のほぼ半分に達する。

竜頭企業が自社で生産あるいは直接農民から調達する農作物は、金額にして二二兆円、中国のGDPの約五％に相当する巨額なものである。ちなみに、二〇〇九年度の日本の農業総生産は四兆円強に過ぎない。中国の竜頭企業の農業経営の規模は日本と雲泥の差があるのは一目瞭然だ。

竜頭企業の中には、年商一億元（約一三億円、一元＝一三円で換算、以下同じ）を超える企業が約

【写真８】　アフリカの中国農業企業開所式　http://harveychl.blog.163.com/blog/static/202970320091011481836/

七〇〇〇社もある。農作物を生産するだけでなく、それを原料に冷凍食品や乾燥野菜、調味料や食材に加工し、海外に輸出する企業も多い。統計によれば二〇〇八年度の年商総額は、この七〇〇〇社で約一〇兆円と見込まれている。

中国では、二一世紀に入ってからこのような企業型農業経営が急増し、農業のあり方を根本から変えるリーダー役になっている。竜頭企業の「竜頭」には、実はこのような意味や期待も込められている。

中国農家の半数にあたる一億戸はすでに竜頭企業の傘下に入り、その勢いはますます加速している。とするなら、中国農業は急激な構造改革を遂げてしまったともいえる。伝統的な「農民」は消え、農業企業で働く農業労働者だけになる可能性も十分にある。

もはや社会主義型農業は影をひそめ、少なくとも、別の新しい農業経営システムが生まれているといえる。それを「資本主義農業」と呼ぶことも可能だ。そして、今後農地制度が私有制になり、土地私有者が農地を貸すことになれば、もはや形式的にも完全な資本主義農業になるのだ。

詳しくは第V章で触れるが、今から六〇年以上も前に誕生し、すでに限界の極みにある農地制度に縛られ、崩壊の一途をたどる日本の農業に比べると、「この歴然とした差は何なのだろう……」と愕然とする。

そして、このように発展・成長を続ける中国農業は、さらに近年、大きな変革の波を立てている。その波を端的に表現するなら農業の国際化、もっと言えば、グローバル化といえる。つまり、中国の農業を自国内で完結させるだけでなく、アフリカや東南アジア、中南米などの国外にも技術や労働力を投入し、そこでも中国独自のシステムで農業を展開するというやり方である。

労働力だけでなく、中国式農業技術も、さまざまな出所から集まった資金も国境を越える、いわば「農業の海外進出」が着々と進行している。そのターゲットとして、中国が最も熱い視線を送るのがアフリカである。

5　アフリカに駆け込む中国農業企業

アフリカで農業経営を行う中国人は非常に多く、現在も増加傾向にある。彼らの目的は大きく二つに分かれる。一つは、アフリカへ移民して生活する八〇万人とも一〇〇万人ともいわれる同胞に、中国料理向けの農産物を供給すること。もう一つは、現地のアフリカ人へ直接売るためだ。それらは国境を越えて、アフリカ全土に流れていく。その意味では、農産物貿易のための拠点を経営しているともいえる。

たとえばスーダン。スーダンと中国との関係は農業の面でも深く、そこでの中国式農業は三つの類型に分けることができる。この類型は、おそらくスーダンだけでなく、アフリカ全土に共通するものと考えてよいだろう。

①製造業や資源開発業を専門とする中国企業が現地に進出し、農業経営を行う企業を現地に設立、土地をスーダン人から借り、中国人農民を中国から呼び寄せて雇用し農作業に従事させる方式。中国農民は本国で成長する農業竜頭企業に雇われて労働者になるだけでなく、はるか遠くのアフリカへ来てまで、中国人が経営する農業企業の労働者になる。

②現地進出した中国企業が、すでに現地に出稼ぎ中の農業経験のない中国人労働者を雇い、その企業が起こした農業企業の活動に従事させる方式。契約期間は一～二年で、契約期間が過ぎると、労働者自身が農業経営者となる例も多い。

③中国国内の企業がスーダンでひと儲けしようと、中国農民を引き連れて新規の農業投資を行う方式。

次に、農業竜頭企業の躍進著しいタンザニアについてみよう。

中国のアフリカ関係の政府資料によれば、タンザニアで働く中国人は、三万人に上る。次節以降で詳述するが、まずタンザニアの国の概要について紹介したい。

タンザニアはサハラ以南アフリカの中で最も貧しい国の一つだ。平均寿命はわずか五一歳。二〇〇九年のデータによると、人口約四〇〇〇万人、一日一ドル以下で生活する人は人口の五八％を占め、国民一人当たりGDPは四五〇ドルに過ぎない。

全就業人口の八〇％が農業に従事し、一人当たりカロリー摂取量はわずか二〇二〇カロリー（二〇〇五年）で、日本人より一〇〇〇カロリーも低い。しかもカロリー源は九四％が穀物や野菜で、豚肉はもちろん、イスラム国家には多い羊肉などの肉類摂取もほとんどない。耕地面積は九〇〇万ヘクタール、そのうち灌漑面積は一五万ヘクタールと極端に少ない。ただし穀物自給率は八五％と日本より高いが、摂取カロリーが低いために見かけ上自給率が高くなっているに過ぎない。本当の需要ベースに見合っているかは大きな疑問だ。

【表6】のように、主な農作物はコーヒー（キリマンジャロなどの品種で知られる）、キャッサバ、砂糖、イモ類、豆類、コメ、トウモロコシ、野菜、バナナなどの果物だ。主な農畜産物の生産量について二〇〇五年を一九九六年と比較すると同表のとおりとなり、いずれも増えている。この数字はFAOによる最新のものだが、それから五年経っているので

【表6】　タンザニアの農業

単位：万トン

	1996 年	2005 年
小麦	8.4	11.5
キャッサバ	599.4	700
トウモロコシ	328.8	282.2
ダイズ	28	29
コメ	53.8	63.8
サツマイモ	42	97
サトウキビ	136.9	275
野菜	120.2	124.6
果物	120.2	133.8
ブロイラー	3.3	14.7
牛肉	19.4	24.6
牛乳	67.9	94.4
淡水魚	26.2	29.6

〔FAO 資料〕

さらに大きく増えていることは間違いない。そしてこの増加は、中国企業によるタンザニアへの農業進出と無関係ではない。

タンザニアは隣接するケニア、ウガンダとの間で、一九六七年に東アフリカ共同体を結成(一九七七年解体、二〇〇一年再結成)、二〇〇七年にはルワンダ、ブルンジを加え五ヵ国体制に移行した。二〇一二年にこれら五ヵ国の間で通貨統合を目指している。

6 タンザニア農業現場で働く中国人

中国の農民、唐明志さん(仮名、三七歳)は、このような中国とアフリカとの密接な関係の進展と歩調を合わせ、あるいはその先をいく形で、個人的な関わりを実践してきた人物である。彼とは南京で出会った。

「アフリカ行きが、自分の未来を変えるかもしれない。そう思ったのです」

彼はそう切り出した。

唐さんは、農業竜頭企業R社が経営するアフリカのタンザニア農場で三年間働いていた。まず、彼は自分が働いていたR社について、早口の多い中国人にはめずらしく、ゆっくりとした口調で話してくれた。

R社はもともと江蘇省で誕生した企業だが、農業資材を製造販売する事業が主で、農業経営そのものには縁がなかった。その後、中国政府がアフリカ諸国に対して始めた農業技術協力に応じてタンザニアへ進出した。

タンザニアでの農業進出が決まったR社は、中国の地元で農業をしていた唐さんに声をかけた。

「一緒にアフリカで農業をやらないか」

当時、唐さんは三一歳の独身、アフリカとはまったく無縁の人生を送っていた。アフリカについてのイメージといえば、広大な原野を駆けるゾウやライオン、褐色の肌のアフリカ人くらいしかなかった。アフリカについては唐さん以上の偏見の持ち主だった両親は、息子がそんな国へ行くことを心配した。しかし、将来の自分の人生に役立つと思い、唐さんはついにアフリカ行きを決心した。

最大のメリットは給料だった。R社の上司から、月給は四〇〇〇元だが、状況次第ですぐに五〇〇〇元に上げることもありうるという点が決定打となった。アフリカは中国の最も貧しい農村以下だという認識を持ちながらも、航空片道チケットを買った。一人の中国人のアフリカンドリームへの出発がこうして始まった。

唐さんの実家は農家で、六〇歳の父と三歳下の母、自分より三歳上の姉がいるが、姉は農家に嫁いだ。家は六ムー（約四〇アール）の農地で、小麦、トウモロコシや野菜を作っている。

唐さんは中学時代、家の年間の総所得は一万元程度だと耳にしたことがある。中国全体のほぼ平均額だが、育ち盛りの二人の子供がいたので、生活はけっして楽ではなかっただろう。唐さんは、父と母が身を粉にして働く姿を片時も忘れることができないと言う。アフリカ行きを決心したのは、老父母の恩に報い、せめて老後は楽にしてあげたいという気持ちが働いたことも事実だという。

7 アフリカで成功する中国企業

タンザニアへ進出したR社の主な事業は農業生産資材の製造と販売、その資材の農業現場での使い方の指導だった。それだけではアフリカに進出した甲斐がないし、唐さんら中国人農業指導スタッフを雇った意味がない。経営が軌道に乗ると、竜頭企業ならではのバイタリティーを発揮する。そのスピードと実行力は、唐さんも舌を巻くほどだったという。

まず現地で不足する採卵鶏を販売しようと、三万羽規模の経営を始めた。やがて、二〇〇〇ヘクタールの農地を借地で手に入れ、野菜、トウモロコシ、小麦、ジャガイモなどの栽培を手がけるようになった。

現地人労働者を常時五〇〇人ほど雇い、養鶏場のえさやり、鶏糞処理、採卵、出荷、産卵効率の衰えた廃鶏の肉鶏飼養への転換、野菜や穀物のための農地の開墾、整地、作付け、施肥、収穫、運搬などを農区ごとに配置し、管理を行った。現地人の一人当たり賃金について、唐さんは詳しくは知らないが、自分の給料の二分の一程度ではなかったかという。そうだとすれば、アフリカは中国よりも賃金水準は高いのだが、現地人を非常に安い賃金で雇っていたことになる。

作った卵や野菜、穀物はすべて現地のバイヤーへ売った。バイヤーは、消費地の業者へ売り、一部は輸出業者へ転売していたと言う。タンザニアのR社で作られたさまざまな食料品が、アフリカの食卓を賑わすのである。しかし、さすがに中国への輸出はなかったらしい。中国はタンザニアからの輸入農産物の関税を下げたので輸出には有利だが、長い輸送距離は運賃負担を増やし、鮮度管理や衛生上の問題もあってあまりうまみはないのだ。

アフリカに訪れる前は、期待とともに不安も大きかった唐さんだが、半年、一年と現地労働者と一緒に汗を流すうちに、中国で農業をするのとはまったく違った充実感を味わうようになったと言う。自国の農業進出に大きな可能性を見出したからではないだろうか。

「自分は一人の農民として凄いことに携わっていたのだ」――唐さんはそう実感したと言う。

唐さんは、三年間R社のタンザニア農場で働き、帰国した。その後、やはりアフリカで農場経営を行う別の大規模な農業竜頭企業で、現地滞在中に培った経験と人脈を買われ、アドバイザリー・スタッフとして活躍している。

8　大挙してアフリカへ

唐さんの働いたR社以外にも、アフリカに農場を作った中国企業は数多い。近年のニュースではマラウィ共和国とモザンビーク共和国で、大規模な綿花栽培と綿業の合弁事業を始めた青島瑞昌綿業有限公司の進出が話題になった。だが早い企業では二〇〇〇年以前から手がけている。

その代表格は、一九八〇年北京で創立された国有の中央企業、中国農墾集団総公司である。中国国内で、化学肥料や農薬などの農業生産資材の製造・販売、農産物加工、それに農業生産を行う農業竜頭企業だ。この企業は一九八八年にザンビア共和国に採卵鶏で進出した。ザンビアは、アフリカで最も早く中国との国交を回復した国だ。

中国農墾集団総公司は、二〇〇九年には国務院(日本の内閣府に相当)直轄の国有中央企業、中国農業発展集団総公司の完全子会社に編入された。とはいえ、国務院国有資産監督管理委員会直属の一三二しかない巨大企業の傘下に入っただけで、その事業の独自性や内部組織に大きな変更はない。

同社はアフリカ九ヵ国(ザンビア、タンザニア、ガボン、トーゴ、ギニア、ガーナ、モーリタニア、マリ、南アフリカ共和国)、オーストラリアなどに合わせて十一の大規模農場を持ち、小麦、ダイズ、トウモロコシ、水稲、麻、野菜、肉牛、酪農、養豚、ブロイラー、採卵鶏、淡水漁業など多角経営に取り組んでいる。

タンザニアでは、農産物や生産資材で「中墾」ブランドが認知されているという。タンザニア西隣のザンビアでは、主力の採卵鶏が市場シェアの一〇%を超える(二〇〇七年)。アフリカ進出企業としては、中国最大にして最古参の農業竜頭企業だ。

同社がこれまでアフリカ向けに投資してきた金額は約三億元(三九億円)、保有土地面積は一万四二〇〇ヘクタールにのぼる。土地の借地期間は最大で九九年、地代もただ同然の安さで手に入る。

竜頭企業にとってアフリカに農業投資を行う魅力は、投資回収率の高さにある。平均で二〇%、高い場合は四〇%というから、企業としては大きな儲けが期待できる。

中国日報社の調べによると、二〇〇八年時点で一〇〇〇社近い中国企業がアフリカに進出してい

【図6】　アフリカ進出中国企業

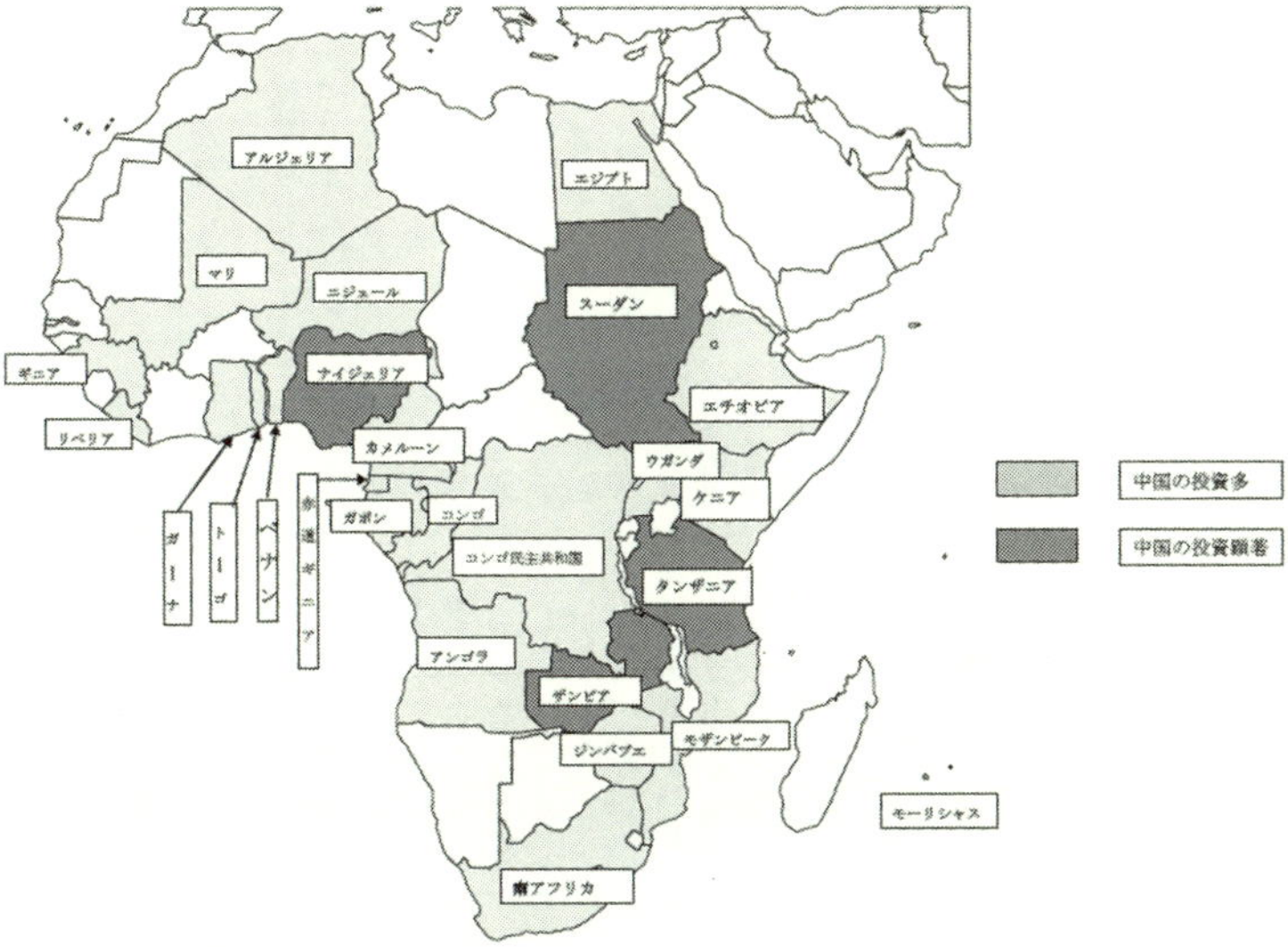

るという。

　アフリカ農業関連進出企業の主なものは、同社のほか、河北漢和有限公司（ウガンダ）、石家荘百博貿易有限公司（アルジェリア）、河北富瑞斯特科貿公司（ウガンダ）、河北平楽面粉機械集団（エチオピア）、石家荘雄獅飼料集団（カメルーン）、河北皇牌機械有限公司（ケニア）、河北黒馬面粉工業有限公司（エチオピア）、陝西省農墾局（カメルーン）、河南蓮花味精股份有限公司、准陽県宏達脱水野菜公司、農工商集団（以上タンザニア）、湖北種子集団、碧山糧油などである。

　詳しい実態は、【表7】で示した。ただし中国のアフリカ投資の全貌を把握することは、資料入手に制約があるため難しい。ましてや農業投資は、どこまで農業に含めるかといった定義などの面で曖昧な点が少なくないためになおさらだ。ただしこの表は中国商務部や

【表7】アフリカの中国設立農業企業

親会社	同所在地	現地中国農林漁業企業	現地事業内容	進出国	設立日
河北漢和投資有限公司	河北省	漢和（ウガンダ）河北農場	農業、林業、畜産、農産物副産物製造・加工	ウガンダ	二〇〇九・九
河北富瑞斯特科貿有限公司	河北	富瑞斯特科（ウガンダ）貿有限公司	ミネラルウォーター生産貿易	ウガンダ	二〇〇八・七
河北黒馬糧油工業有限公司	河北省	甘特斯黒馬食品有限公司	食品加工	エチオピア	二〇〇七・九
沈陽江鴻婀対外貿易有限公司	遼寧省	北華農場	農産品加工（有機野菜栽培、搾油）	エチオピア	二〇〇七・一
成都米蘭業貝耳服飾有限公司	四川省	青春園林	果物栽培および販売	エチオピア	二〇〇九・六
深圳市外貿八達企業開発有限公司	広東省	深圳市外貿八達企業開発有限公司エジプト	農産物副食品	エジプト	二〇〇四・一二
泰安立人進出口貿易有限公司	山東省	アンゴラ泰山実業発展有限公司	農業開発、野菜栽培、他	アンゴラ	二〇〇七・七
郯城県斯凱爾日用化工有限公司	山東省	ガーナ新東方高科技農業研発中心	穀物栽培、栽培技術研究、野菜栽培	ガーナ	二〇〇九・一二
郯城県青福食品有限公司	山東省	李佳有限公司	中国食品飲食業	ガーナ	二〇一〇・五
四川三禾田生物技術有限公司	四川省	ガーナG．C．生物技術有限公司	薬用植物栽培・加工及び貿易	ガーナ	二〇一〇・一
広州世貿科工貿有限公司	広東省	AKOK農場発展有限公司	農業、畜産、食品加工	ガボン	二〇〇七・一
石家荘市雄獅飼料集団	河北省	カメルーン雄獅牧業有限公司	採卵鶏飼養および飼料生産	カメルーン	二〇〇二・六
山西建築工程集団	山西省	カメルーン賽宇牧業有限公司	採卵鶏、ブロイラー、飼料	カメルーン	二〇〇九・六
中喀英考農業開発有限公司	陝西省	中喀英考農業開発有限公司	水稲栽培、イモ栽培、ダチョウ飼養	カメルーン	二〇〇六・三
天津海新達商貿有限公司	天津市	加中赤ギ農業開発有限公司	農産物栽培、成果物栽培、飲用水加工	赤道ギニア	二〇〇五・八
臨穎外貿方園実業有限公司	河南省	ケニア順貿有限公司	農業副産物特産品生産、加工、輸出	ケニア	二〇〇五・一一
中興能源有限公司	北京市	中興能源有限公司コンゴ子公司	農業開発、農業関連事業	コンゴ	二〇〇八・一一
威海国際経済技術合作股份有限公司	山東省	コンゴ正威技術有限公司	農業、林業開発	コンゴ	二〇〇六・七
中国海外工程有限公司	中央企業	中成ザンビア公司	農場経営	ザンビア	二〇〇七・六
華永海外農業科技有限公司	北京市	華豊投資集団公司	穀物栽培、養殖、農副産品貿易	ザンビア	二〇〇六・一二
大広回族自治県師林総合養殖場	河北省	華非畜禽（ザンビア股份有限公司）	畜禽飼養、飼料加工、農業開発、貿易	ザンビア	二〇〇八・八
常州常潤塑料製品有限公司	江蘇省	豊潤投資（ザンビア）有限公司	農産品加工、ビニール製品貿易	ザンビア	二〇〇八・八
華盛江泉集団公司	山東省	江泉国際公司	農産物栽培、農業副産物生産加工	ザンビア	二〇〇八・一二
青島紡連控股集団有限公司	青島市	奇伯特棉花有限公司	農産物栽培、綿花加工、貿易	ザンビア	二〇〇六・五
青島紡連控股集団有限公司	青島市	穆隆古希棉油股份有限公司	棉油加工生産	ザンビア	二〇〇六・五

開封市中贇農林開発有限公司	河南省	開封農業投資有限公司	家禽飼養、農産物栽培	ザンビア	二〇〇六・一
開封市汴西防護林緑化管理股份有限公司	河南省	大梁農業投資公司	家禽飼養、農産物栽培、林業	ザンビア	二〇〇八・九
開封市華中万頭養殖有限公司	河南省	興華農業投資公司	家畜・家禽飼養、農産物栽培、植林	ザンビア	二〇〇八・九
中盈長江国際投資担保有限公司	湖北省	凱迪生物質ザンビア有限公司	農林業、有機生物質資源	ザンビア	二〇一〇・五
北京泰瑞津寧国際貿易有限公司	北京市	泰瑞馬佐威鉱業公司	農産物開発及び関連事業、鉱業	ジンバブエ	二〇〇九・六
石家荘亜非克商貿易有限公司	河北省	発発有限公司	食品加工、食品機械	ジンバブエ	二〇〇七・一
上海市医薬股份有限公司	上海市	上海市医薬スーダン製薬有限公司	医薬品生産・販売	スーダン	二〇〇〇・一二
上海中能企業発展集団有限公司	上海市	蘇能有限公司	農業生産・貿易	スーダン	二〇一〇・四
福建尤迪電機製造有限公司	福建省	蘇中連合発展公司	農業生産、農産物副産物加工、畜産業	スーダン	二〇〇八・一二
浜州市豊恵商貿易有限公司	山東省	スーダン恵豊農業発展股份有限公司	野菜、穀物栽培・販売	スーダン	二〇一〇・四
海南奇林科技股份有限公司	海南省	奇林タンザニア有限公司	麻栽培・加工他	タンザニア	二〇〇八・二
青島中タン貿易有限公司	青島市	中タンビール有限公司	ビール生産・販売	タンザニア	二〇〇七・四
江西華昌基建工程有限公司	江西省	江西華昌基建工程有限公司トーゴ支社	水稲・野菜等品種改良、農産物加工	トーゴ	二〇〇九・一
湖南富鵬商貿有限公司	湖南省	陽光企業有限公司	木材、農産物副産物生産 他	トーゴ	二〇〇九・七
中地海外建設集団有限公司	北京市	緑色農業西非有限公司	農業、畜産業、農業技術開発、貿易	ナイジェリア	二〇〇八・九
天津鴻緒工貿有限公司	天津市	向日葵食品工業有限公司	飲料、ケチャップ、食品加工	ナイジェリア	二〇〇五・四
淄博面粉廠	山東省	雲海リビア面粉有限公司	面粉生産	ナイジェリア	二〇〇七・一二
河南蓮花味精股份有限公司	河南省	河南蓮花味精ナイジェリア股份有限公司	調味料	ナイジェリア	二〇〇六・八
浙江省武義茶業有限公司	浙江省	ニジェール浙江九竜山茶葉加工貿易有限公司	茶葉加工・貿易	ニジェール	二〇〇八・一
広東省農墾集団公司	広東省	奥墾国際（ペナン）有限公司	食用酒精生産・販売	ペナン	二〇〇七・一
中国軽工業対外経済技術合作公司	中央企業	マリ新上カ拉糖蓮股份有限公司	白糖、同副産物生産・加工	マリ	二〇〇九・一一
浙江省茶葉貿易有限公司	浙江省	マリ駱駝茶葉有限公司	茶葉加工・貿易	マリ	二〇〇九・一
宣春海程経貿発展有限公司	江西省	マリ貝瓦尼農場有限公司	農業、農産物加工、農機具	マリ	二〇〇七・一二
安徽省皖陵珍稀動物飼養有限公司	安徽省	沈氏投資有限公司	農産品栽培、動物飼養他	南アフリカ	二〇〇九・一一
淄博市博山渤海人家飲食有限公司	山東省	御膳房餐飲有限公司	食品加工、飲食業	南アフリカ	二〇〇八・三
山東洛城農発有限公司	山東省	双鮮（南ア）貿易有限公司	果物生産・加工	南アフリカ	二〇〇六・一二
常州華嘉食品機械廠	江蘇省	熊猫糖果有限公司	果物糖、乳糖他	モーリシャス	二〇〇六・四
武漢新能置業有限公司	湖北省	千里馬投資有限公司	ブドウ栽培、葡萄酒生産、観光農業	モーリシャス	二〇〇九・一一
河南昊徳実業有限公司	河南省	莫桑比克河南昊徳工業園有限公司	農業、紡績 他	モザンビーク	二〇〇九・九
湖北省連豊海外農業開発有限公司	河北省	莫桑比克連豊農業開発有限公司	農産物生産、農地貸付、農副産物生産	モザンビーク	二〇〇七・二

農業部の二〇一〇年時点での最新資料に基づいているが、アフリカに進出した農業関連企業のすべてが含まれているわけではない。

地図（【図6】）をみると、中国の農林水産業投資が多い国はエチオピア、ザンビア、カメルーン、スーダン、タンザニア、ナイジェリア、南アフリカなどだ。その事業の内容は多彩で、耕種農業（コメ、トウモロコシ、小麦など）、畜産業（養鶏、酪農、肉牛など）、食品加工およびその貿易など幅広い業種に及んでいる。林業投資では、ガボン、コンゴ共和国、水産業投資ではガーナに集中している。

中国企業がこれまでアフリカで手に入れた農地面積は、把握されている限りでも、コンゴ共和国（旧ザイール）二八〇万ヘクタール、ザンビア二〇〇万ヘクタール（交渉中）、カメルーン五〇〇〇ヘクタール（陝西省農墾局直轄事業）などである。

アフリカの農地囲い込みは国際的な問題に発展しつつあり、中国企業だけがその主役というわけでなく韓国やサウジアラビアを筆頭とする中東産油国、ヨーロッパのバイオ燃料企業もアフリカに触手を延ばしている。その背景には、新型世界食料危機に対する食料やエネルギー不安に備え、いまのうちに「最後の金庫」と彼らが呼ぶアフリカ大陸で農地を確保しておきたいという思惑がある。こうした動きに対し新植民主義という言い方がされるのも頷ける。

当然ながら、こうした中国農業のアフリカ進出は、一朝一夕に成し遂げられたものではない。

9　中国とアフリカの関係の始まり

中国とアフリカとの付き合いは古い。毛沢東が新中国を建国し、社会主義の道を歩み始めたとき、世界は冷戦時代に突入していた。アメリカを始めとする西側先進諸国とは国交断絶状態で、社会主義路線をめぐってソ連とも関係が冷却し、半ば孤立状態にあったとき、中国が目を向けた先がアフリカだった。

第二次世界大戦前、アフリカを植民地としてきた欧州各国は、ヨーロッパ全土が戦場となったため、深く傷付いた。そのため戦後は自国の復興と経済再建に忙しく、アフリカに目を向ける余裕がなかった。その隙間を縫うように、中国はアフリカに熱烈なアプローチを始めた。

孤立する中国、身勝手な宗主国以外にどこからも相手にされないアフリカ。悩みを抱える者どうしであったことが互いの関係を密にし、アフリカの諸国がイギリスやフランスからの独立を果たした後も、今日まで強固な関係は続き、発展させてきている理由だ。

二〇一一年に初めて公表された『中国対外援助白書』(二〇〇九年まで)によると、中国は自国の貧困も顧みず、二〇〇九年までアフリカの三五カ国を対象に一九〇億元(二四七〇億円)、全世界に向けては二五六億元(三三二八億円)という多大な援助を与え、アフリカ諸国の負う合計三一二件の債務は返済義務を免除するという、中国にとっては負担の軽くない政策を続けている。

中国のアフリカとの関係は、二つの発展段階に分けることができる。

第一段階は、一九五〇年頃の中国が国際的な孤立をしていた時期に始まり、改革開放を経て市場経済を強固なものにすると同時に、国際社会での政治的・経済的な存在を確たるものとした一九九〇年代まで。

第二段階は、二一世紀が目前に迫った一九九六年以降今日まで。中国の国際的影響力が急速に大きくなり、「G2」あるいは「パクス・チャイナ」などとさえ称されるまでになり、アメリカと比肩する大国に成長し続けている。

まず、第一段階の両者の接近をみよう。

欧米諸国から断交されていた中国にとって、唯一その存在価値を認め、支持・支援していたのが、同じ共産主義国のソ連だった。しかし中ソ蜜月時代は短命だった。やがて、当時のソ連の首相・フルシチョフのスターリン批判をきっかけに、世界の共産主義運動をどのように展開していくかの議論で意見が分かれ、一九五〇年代中頃になるとその対立は深刻化する。

二国間のにらみ合いは「中ソ対立」と呼ばれ、イデオロギー、軍事・政治における確執にまで発展した。すでにアメリカと並ぶ超大国として君臨していたソ連とは違い、この対立でますます世界からの孤立を深めていった中国は、次第にアフリカに注目するようになった。

冷戦時代にあって、中国が最初に国際舞台に登場したのは、当時の首相・周恩来が、インド、インドネシア、エジプトの首相や大統領とともに開催したアジア・アフリカ会議である。一九五五年に行われたこの会議は、インドネシアのバンドンで開かれたことから「バンドン会議」とも呼ばれている（その後、開催されたことはなかったが）。参加国は、その多くが第二次世界大戦後に独立したアジア・アフリカ（ＡＡ）の二十九ヵ国だった。各国は、アジア・アフリカ諸国の協力関係の確立について話し合い、アフリカにとって切実な植民地問題などについても討議した。

ＡＡ会議の趣旨は、表向きは世界の友好と平和に寄与することだったが、この会議の中心的存在だった北京政府は、成立したばかりの自国が、世界——特に欧米諸国から認められていないことを自覚していた。ならば、世界での地位向上を目指し、他国から認められる国づくり、対外政策を実行しなければならないと決心した。

その第一歩として、自国を含む途上国グループの中でのイニシアチブを取るために、「弱い」地域であったアフリカに注目した。バンドン会議を通して友好を深め、積極的な援助を行いながら、戦略的に中国の存在を先進諸国に認知させていったのである。

10　頼りはアフリカだけ

アメリカを中心とする西側先進国ばかりではなく、ソ連を中心とする東側とも関係が悪化した中国をとりまく当時の国際政治環境は、核戦争の恐怖と社会主義か資本主義かをめぐるイデオロギー戦争が火花を散らす冷戦の真っただ中にあった。孤立していた中国が国際化を進めようとした場合、残された地域は東南アジア、南米、アフリカしかなかった。

そのうち東南アジアは、中国の革命輸出を恐れた反華僑弾圧が猛威をふるい、入り込む余地はほとんどなかった。他方、当時の南米は軍事政権に支配され、そこにはアメリカの支援が入っていた。

冷戦期の南米は、現在の反米的な姿勢とはまったく違って、親米的な政権が支配していたので、そこに中国が入る余地はやはりなかった。

中国にとって残された地域はアフリカだけだった。アフリカ諸国は宗主国だったヨーロッパ列強の影響を完全に払拭することができず、行き場のない不満がたまっていた。そこに手を差し伸べたのが中国だった。同じ発展途上国の立場ながら、平和共存五原則を謳いつつ、物的・精神的支援を申し出た中国を拒む理由は、アフリカにはなかった。周恩来が「対外援助八原則」を携えて行ったアフリカ訪問（一九六四年）は、中国とアフリカが手を結ぶ大きなステップとなった。

アフリカでは、第二次世界大戦後に大きな変化が起きていた。続々と独立国が誕生し、その数は周辺の島嶼も含めると五十以上に達した。アフリカの自立は、深刻な民族対立や旧宗主国の利権争いを内包しながらも、もはや後戻りできない流れになっていった。

こうした混乱を抱えるアフリカ諸国の独立と自立の動きに対して、手厚い援助を施せば、国際連合における決議の際の議席の確保にもつながり、将来的に自らの影響力を行使できるようになると中国が考えたのは当然といえる。

このような中国の対アフリカ戦略は、一九七一年のアルバニア決議案（国連における中華人民共和国の合法的権利の回復）の可決という大きな利益につながった。これにより従来の中華民国（台湾）に代わって、国連加盟国と安全保障理事会常任理事国の地位を手に入れたのである。

中国は確かに若く未熟な国ではあったが、同時にエネルギーに満ちていた国でもあった。自分たちよりも、あらゆる面で遅れている国々を集め、その先頭を走ろうとする発想が生まれるのも、ごく自然な流れだったのかもしれない。このときに築かれた関係が、現在の中国農業のアフリカ進出に大きく寄与している。

11　対アフリカ戦略のセカンド・ステージ

その後、中国とアフリカの関係は、第二段階を迎える。それは歴史が中国を待って、新しい回転を始めたのではないかとさえ思わせる二一世紀を目前にした一九九六年のことだ。当時の国家主席・江沢民のアフリカ訪問がその画期となった。

一九七八年の改革開放を経て奇跡的な経済成長を遂げ、国際社会でも国力を発揮することを実現した中国にとって、二つの新たな課題が生じていた。

その一つは、世界の中から資源確保できる地域を確保すること、もう一つは世界の工場として国際市場社会に躍り出た経済力のはけ口たる大規模な市場を確保することだった。この二つの課題は、中国が対アフリカ戦略を再構築する要因となり、中国にとって、アフリカは世界の中でも非常に重要なパートナーとなっていった。

一九九六年以降になると、その必要性は非常に大きくなり、あらゆる産業に及ぶようになる。中でも注目されるのが、農業技術指導や指導員の育成のための専門家の派遣、農機具工場建設や低価格輸出（輸入側の関税もゼロ）などの政策である。そうした中での前述の江沢民のアフリカ訪問は、中国とアフリカの関係を質・量ともに大きく飛躍させるターニング・ポイントとなった。

その結果中国とアフリカには、今日みられるような資源開発、企業設立、貿易、農業開発など多様な協力関係が生まれた。これは、中国経済が世界に向かって出ていく「走出去」（外へ打って出る）政策とほぼ軌を一にするものである。そして二〇〇〇年、中国とアフリカ諸国（四九ヵ国）は「中国・アフリカ協力フォーラム（FOCAC）」を北京で開催し、戦略的パートナーシップを締結した。

二〇〇六年一月の「対アフリカ政策文書」によって、中国側の新たなアフリカ戦略をみることができる。これによれば双方が、明確な戦略的関係の構築を意図している。国家主席・胡錦濤は、農業支援に関連するものだけでも、高級農業技術者一〇〇名のアフリカ派遣、一〇ヵ所の農業技術支援センターの設置などを約束した。同年四月には胡錦濤がアフリカを訪問し、この政策を実行に移すため、農業を含む広範な政治・経済・文化面の協力関係の発展を謳った。これを機に、中国企業はさらにアフリカ進出に拍車をかけた。

さらに二〇〇九年、エジプトで開かれた「中国・アフリカ協力フォーラム」第四回閣僚級会議で、温家宝首相はより踏み込んだ対アフリカ支援策を打ち出した。農業に関するものでは、九五％の農産物の関税免税措置を段階的に実施（二〇一〇年内に六〇％）、アフリカの農業支援センターを二〇ヵ所に増加、五〇組の農業技術支援団の派遣、二〇〇〇人のアフリカ専門農業技術者の育成と派遣、そして無償資金援助である。

中国とアフリカの関係が第一段階にあったときの中国の援助は、政府による援助が主で、中国自身も不足していた食糧や資源などをアフリカに回すという飢餓援助だった。また当時の中国の国力に照らすと、背伸びしたとしか思えない大規模なインフラ整備援助も行っていた。その典型は一九七〇年に着工し、五年後に完成した全長一八五九キロに及ぶタンザン鉄道である。この鉄道はタンザニアのダルエスラームとザンビアのカピリ・ムポシを結ぶ国際貨物鉄道として完成した。建設費は約一億九〇〇〇万ドルといわれる。

しかしその後、中国企業が現地に進出し、資源確保や工事請負、労務輸出が次第に増えていった。アフリカ六ヵ国を訪問した江沢民は、冷戦期のイデオロギー色をなくし、中国とアフリカ諸国との関係を、あくまで経済成長を主軸としたパートナーシップに移行することを明言したのだ。実際、その後一〇年間のアフリカへの貿易額が一〇倍に伸びていることからも、今やアフリカ諸国が中国を頼らざるを得ない状況であることは、容易に想像がつく。

中国の対アフリカ援助をめぐっては、国際世論からの批判も少なくない。

欧米諸国がコンゴ、エチオピア、スーダンなどの非人道的な政府への制裁を口にする間にも、中国はこれらの国々に対し着々と資源外交や大型プロジェクトを進めてきた。欧米諸国の批判には厳しいものもあるが、中国にとってのアフリカ援助や投資は、過去の関係の延長上にあるものに過ぎず、非人道的な行為があったにしても、それらは一時的なものとしか映らず、国家間のきずなの強化とその発展にとっては本質的なものとはみなしていない。だから欧米先進国の批判に対して、中国はまったく聞く耳を持たない。

いずれにせよ、過去半世紀に及ぶ積極的な援助政策が実を結び、中国とアフリカ諸国は圧倒的に緊密な農業関係にある。より正確にいうならば、アメリカと並ぶ超大国となった中国が、アフリカを掌握しているのだが、その関係はもはや抜き差しならないものとなっている。そして今、農業進出のみならず、石炭、石油、天然ガスなどエネルギー資源の開発にも進出し、アフリカの至るところで中国企業の姿を目にすることができる。

こうした中国の一連の動きは、自国の著しい経済成長を維持するための資源と市場の獲得を目指したものにほかならない。未開発資源が眠るアフリカは、まさに宝の山だ。中国にとって、もはやアフリカは譲れない地域であり、自らの「庭」とすることで、安定したエネルギー調達を確保しようと努めている。

もちろん、以前から行ってきた中国側の投資が、アフリカ全体の経済成長に大きく貢献しているのも確かだ。一九九五年から二〇〇四年までの一〇年間に、アフリカは世界平均を上回る平均約四パーセントの経済成長を記録しているのだから。

12　アフリカを支配する中華思想

農業面の援助から始まり、いつの間にかアフリカ大陸をエネルギー資源獲得のための基地へと変貌させた中国。そんな中国を見ていて、感じるのは「中華思想」である。

中華思想とは、中国大陸を制覇した漢王朝が世界の中心であるとする考え方である。中国の中でも漢民族の文化、思想こそが最も優れており、これに帰順しない異民族を「夷狄《いてき》」として差別的に扱う。この場合の「華」は厳密には漢族が帰属する中国世界を指し、いわゆる少数民族は除外される。

他国や他民族の文化的価値を認めることをためらう中華思想は、サイードが批判したオリエンタリズムと質的には同じ根を持つ。歴史的、文化的に遅れていると見る国や地域に対する差別あるいは優越感を持つ。だが、文化の存在そのものを否定しないのは、その異文化が中華文化に従属的に同化する可能性を秘めていると考えていたからかもしれない。

その意味では、中国にとってアフリカは一九五〇年代まではほとんど接点すらなかった「新大陸」なのだ。そんなアフリカを、中国は徐々に自らの政治・経済・文化の圏内に入れつつある。孔子学院の普及を始めとして、中国の大学の外国人寮には、たくさんのアフリカ系留学生が滞在し、留学生を受け入れる国際交流学院と呼ばれる学部で、中国語や中国の文化や歴史を学ぶため暮らしている。

夏休みになると、日本人や韓国人の留学生は帰国する場合が多いが、アフリカ人留学生の多くは大学にとどまる。ときどき、彼らが爆竹や打ち上げ花火に興じながら、中国の夏の夜を楽しむ光景を幾度となく目にした。中国全土でアフリカ人留学生の数は一万人以上といわれているが、私費留学生は少なく、ほとんどは国費あるいは中国政府奨学生である。これも中国とアフリカの友好のしるしなのだ。

中国にとってのアフリカの印象は、日本にとってのそれとはだいぶ異なる。日本人はアフリカに対して、飢餓や貧困、病気、良くない治安とマイナスのイメージばかり抱きがちだ。しかし、中国人にとってのアフリカは「太陽の大陸」なのだ。アフリカ農業についての中国人が抱くイメージも、肥沃な土壌、豊富な水、高い収益率、農業に適した気候などポジティブなものが多い。これも長きにわたる友好関係のあかしといえるだろう。

13　中国人のバイタリティー

先述したように、中国がアフリカに価値を見出しているのは、国連や国際政治舞台における影響力の維持と、豊富なエネルギー資源や輸出先市場の確保に有益だからである。

もともと中国人は、儲けることにたけた民族だ。もちろん、それが悪いというわけではない。競争に勝つことは豊かになることで、豊かにならなければ家族や一族に示しがつかない、と彼らは考える。ある者は国内で成功し、それを元手にさらなる野望をいだき、まだ成功していない者は夢を追って海外に渡る。アフリカに渡った者にとっては、その夢を実現しようとする場がアフリカだったに過ぎない。

だから彼は成功したい一心で、這いつくばって頑張り、富にたどり着こうとする。この精神自体をだれが責めることができよう。そこに西側の言う人権だの、平等だの公平だのと言っても、目先の利益のためには何の得にもならないことを一番よく知っているのは、当の中国人なのだ。欧米人や日本人の感覚とは相いれない価値観の差があることは否定できないが、少なくともいまのところ、彼らは大きな問題とは考えていない。

商機があると思えば飛びつき、人を抱き込んで狙った獲物を手に入れるまで頑張る。国は国で外交的手腕を駆使して、儲けに邁進する企業や個人経営者を後押しし、それだけで不十分だと思えば国内外に対する政策までもすぐに変えてしまう。最近の中国農業のアフリカ進出は、こうした政策の後押しで勢いづいたものといえる。

中国がアフリカで成功した背後には、およそ日本人には不得手とされる、現地の政府や国際機関の大物との間で築いた人脈の利用がある。華僑や華人のネットワーク、その継続する補給網は、中国のアフリカビジネスにとって大きな効果をもたらしている。

たとえばある人物（政治協商会議委員でもある）は、アフリカのある開発区の油田の採掘権を一〇〇％保有している唯一の中国人だが、その一因は前国連事務総長だったアナン氏との密接な関係がうまく働いたためだともいわれている。ある情報筋によると、アナン氏はその油田所有者とも関係があり、この中国人との仲を仲介したともいわれている（『中国経済網』二〇〇八・七・一四）。

14　集まる批判

ビジネスと深く絡みつつ進む中国の過剰ともいえるアフリカ援助や農業開発に対して、国外からの批判も少なくない。こうした両者の強い結び付きに批判の眼差しを向けているのが、援助先進国である欧米諸国である。

援助国にとって、援助の対象となる国の統治システムに介入することは、原則禁止されている。主権国で構成される国際社会の原理原則である「内政不干渉」に違反するからである。だが、一部のアフリカ諸国のように自ら決めた筈の政策を実行に移す能力に乏しい国々——すなわち統治能力の乏しい発展途上国に対しては、その国にすべてを任せていては埒《らち》が明かないという現実がある。多少は「内政干渉」を浸したうえで援助が必要なのだ。

そこで援助先進国は、「内政干渉」や「民主化」といった政治色の強い概念を用いず、「新制度における認識の共有」といった意味合いを込めて、「ガバナンス」という概念を用いて、援助対象国を誘導してきたのである。

ところが、中国のアフリカ諸国に対する過剰なまでの開発援助は、そのガバナンスを無視し、明らかに統治システムを自分たちの都合のいい内容に変えてしまっている面がある。

アメリカのＵＳＡＩＤ（「アメリカ国際開発庁」）なども、被援助国のアメリカナイズを進めることに全神経を注いでいる。他方、中国の対外援助姿勢は基本的には台湾問題との関係から、中国に対する国際的支持を拡大し確保することに目的をおいている。これを支えているのがインドのネルーとの共同成果たるバンドン会議の共通理念である「平和共存五原則」、一九六四年の周恩来による「対外援助八原則」である。

この二つに共通する考え方が内政不干渉だ。内政不干渉という姿勢は、中国の援助姿勢である主権の堅持、無条件援助という原則に反映されている。しかしこれは表向きのことであって、本音は援助を通じて、いかに中国支持派を増やすかにあることは明白だ。

中国がアフリカやミャンマーで展開している援助は、明らかに中国の将来の政治・経済を念頭においているとしか思えない。

先頃「解放」されたミャンマーのアウンサン・スーチー氏の家の前には大きな道路があるが、一九九六年にそこを訪れた筆者が目にしたのは、封鎖されたまま人影すらない寂しい光景だった。内政不干渉や平和共存の意味するものが、中国と軍事政権に都合のよい現状を守ることだとすれば、その封鎖された光景が雄弁にそれを物語っているのではないか。

15　敬遠され始めた

さらに、援助を受ける側のアフリカ諸国の中では、中国企業の強引なやり方に嫌悪感を覚える人々も増え始めているようだ。

政治腐敗や人権問題といったデリケートな側面には内政不干渉を決め込み、エネルギー資源の獲得・農業開発に対しては、他国企業との競争感情をむき出しにする。そんな中国人と接して、嫌悪感を募らす現地のアフリカ人はことのほか多いようだ。

中国企業が大規模な綿花産業を展開するマラウィでも、自分たちの綿花産業を中国人が乗っ取り、中国にしか利益をもたらさない、と憤慨する人々は少なくない。

現地の中国企業の中には、スキルの低いアフリカ人たちを積極的には雇用しないところもある。アフリカ人の労働賃金は、総じて中国の平均賃金より高い。アフリカの農業は発展が遅れているため食料費が高いせいだ。そこで単純に労働力として考えれば、建設工事や鉱山からの資源採掘など、それほど高いスキルを要求されない重労働には中国人を連れてきた方が安く済む。ここにも中国農業がアフリカに進出する一因がある。

農作業のように技術や経験則がものをいう仕事の場合、アフリカ人に任せるよりも、それなりにスキルがあり、人件費も比較的安く抑えられる人間を中国から呼び寄せたほうが効率的なのだ。また「出稼ぎ」としてアフリカにやって来た中国人には、現地のアフリカ人と友好を深めようという意識は薄いのも当然だ。

アフリカの一部の上流階級や権力者にしてみれば、安い賃金で猛烈に働き、かつスキルもある中国人労働者は歓迎すべき存在だ。しかしその陰で、職を失い、路頭に迷うアフリカ人たちが増えていることを見逃してはならない。

中国人がもたらす恩恵は、そうした一部の特権階級の人間にしか転がり込まないので、国民全体の利益として還元されることもない。したがって、中国人に仕事を奪われた人々は、ますます貧しくなっていく。

アフリカには、ジニ係数（所得格差を示す指標。係数の範囲は〇から一で、〇に近いほど格差が少なく、一に近いほど格差が大きい）が〇・五という非常に格差の大きい国がある。たとえばシオラレオネでは、ジニ係数が〇・六を超えている（ちなみに先進国のスウェーデンは〇・二五。調査年は国によって異なるが、おおむね二〇〇五年頃）。

この格差を固定化するのは産業構造であり、富の分配の不公平な仕組みである。そして、その根本には資産所有の格差や教育の格差、家柄の格差、アフリカ特有の民族差別がある。これらを変えていかなければ、アフリカに明るい未来はないが、現状ではこれを是正するには限界がある。

しかしこれだけではない。大量の安い中国製品のアフリカ上陸が、アフリカの地場産業の誕生と成長を抑えているのも事実だ。アフリカ人よりも中国人の労働賃金が安い現状では、アフリカが中国製品よりも安い製品を作るのは難しい。そのために発展途上のひ弱で未熟なアフリカ農業の育成が危ぶまれている。

とくに紡績業やアパレル産業、雑貨製造業など労働集約的な業界は、運賃をかけて遠くから運んでくる中国産と比較しても勝ち目がなく、アパレル産業で働くアフリカ人労働者や経営者たちからは悲鳴が上がり、倒産の憂き目にも会っている。

アフリカは中国からの輸入依存が大きい。それはアフリカ各国のGDPと比較してみるとよく分かる。たとえばベナンでは、二〇〇七年のその比率は、三七・二％にものぼる。ベナンは、機械や輸送機器などの工業製品、雑貨類、化学製品等を大量に中国から輸入している。このためアフリカにはめずらしく、消費者物価上昇率は一九九六年から二〇〇七年まで、世界平均を大きく下回る推移をみせている。安い中国製品がGDPの四〇％近くを占めるくらいに大量に輸入されたためと考えられる。

アフリカに対する中国のビジネスモデルは、まず加工貿易（原料輸入と製品輸出）によって安い製品を大量に現地に浸透させた後、現地に直接自らの企業を興し、さらに販売を拡大するというものだ。これは農業生産も全く同じだ。

16　アフリカ進出、もう一つの理由

中国がアフリカに熱烈なアプローチを仕掛ける理由には、新型世界食料危機のもとでの農業進出やエネルギー資源の獲得以外に、もう一つの理由がある。

劇的な経済発展を遂げる中国だが、急成長の裏には当然、それと同じくらい巨大なひずみを伴っている。成長の裏で彼らを蝕んでいるものの一つが、過剰に生産された末に大量に売れ残った商品の山だ。一昔前はこうした余剰商品は北朝鮮などに流されていたが、今はその多くが貿易商品としてアフリカに流れている。

中国、あるいは中国人の特徴を一言で言うとしたら、「バイタリティー」ではないかと思う。なぜなら、政治や経済に限らず、何事にも程度を越えたパワーとパッションが注がれるからだ。政治も景気も、そして人間も元気がない日本にしてみれば、中国の強靭なバイタリティーは何とも羨ましい限りである。しかし、その目標に向かう情熱が行き過ぎてしまうと、「やり方が強引」「自己中心的」となり、非難や批判の対象になってしまう。

アフリカ人の中にも、「中国の過剰生産のはけ口にされている」と不満を顕わにする者が増えている。

たとえば、アメリカのアフリカ研究専門家であるP・レイマンがアメリカ外交審議会で報告した資料（二〇〇五年七月二一日）によると、中国で売れ残った靴をナイジェリアで売れば、そこで作

る同等の靴よりもはるかに安く売れる。南アフリカで売られているTシャツ一〇〇枚のうち八〇枚は中国からの輸入品だ。そのため、工場が閉鎖され、失業者が大量に発生して話題になったこともある。日本と同じで、価格破壊が起きるのだ。技術者や労働者を海外に派遣し、自分たちのやり方である種の「領土」を拡大するだけでなく、安い商品を大量に持ってきて商売まで始めてしまう……。

結果、台頭する安価な中国製品に押しのけられる形で、アフリカの中小企業では倒産が相次いでいる。国家主席・胡錦濤がアフリカ訪問時、現地人から思わぬ非難を浴びたのには、そうした理由もあろう。

中国にとってアフリカとは、単に豊富な天然資源が眠るだけの場所ではない。七億人規模のマーケットを誇る、まさしくカネの成る木なのだ。中国のハイアール・グループ（家電）やレノボ（電子機器）、ファーウエイ（通信機器）などのメーカーも、この広大な金脈に熱い視線を注いでいる。大いなる見返りを求めて、中国が積極的に援助するのも無理からぬ話なのかもしれない。そうしたアフリカと緊密な関係を築く中国を、先進諸国は脅威と嫉妬と批判が入り混じった目で注視している。

17　始まった極東ロシア〝侵略〟

中国農業の海外進出は、アフリカだけにとどまらない。最近、少数の専門家の間で知られるようになった例に、ロシアでの野菜栽培がある。中国の黒竜江省の隣は、すでにロシアだ。

ロシアでも多くの中国人が、中ロ共同プロジェクトの建設現場やその他の仕事のために働いている。さらに、現地ロシア人の食生活に合わせた野菜栽培を始める中国人が増えている。生産した野菜は現地で販売・消費されているのだが、中国式のビニールハウスで大規模な野菜作りをしている。そのほとんどは無許可営業で、現地のロシア当局がその摘発に動いている例もあるといわれている。

一九五〇年代後半から悪化していた中国とソ連の関係は、一九八〇年代に入ると徐々に修復されていったが、一九九一年、CIS（独立国家共同体）の成立によりソ連は解体する。ロシアを含め、分離独立したさまざまな国が、中国と国境を接することになり、多国間で極めて不安定な状態が生じることとなった。

この国境問題を解決するため、二〇〇一年、上海において、中国、ロシア、カザフスタン、キルギス、タジキスタン、ウズベキスタンの六ヵ国が地域連合を設立した。すなわち「上海協力機構」である。

中国としては、ロシアを始めとするこれらの国々に対して、一定の影響力をもてるメリットがある。エネルギー資源に関しても、消費大国の中国のことだ。石油や天然ガスの産出国である中央アジアとの関係を強化するためにも、この多国間協力組織の設立は非常に有利に働いたはずだ。

そして今、極東ロシアの地は、多くの中国人であふれ返っている。極東ロシア（ロシア極東連邦管区）は、面積五九〇万ヘクタールの広さ（日本は三七万ヘクタール）を持ちながら、人口はわずか約七〇〇万人。にもかかわらず管区の人々は国外や西ロシアへと移住していき、この二〇年で人口は二〇％ほど減少した。人々が生まれ故郷を見捨てる理由は、厳しい自然環境や産業の衰退などがあげられる。若者の農業離れや高齢化のため、農民も減少傾向にあり、地域の食料自給に深刻な問題を投げかけている。

その一方で、極東ロシアに可能性を見出し、閑散としたこの地に続々と流れ込んできたのが、中国人労働者や商人である。ロシアの統計によれば、在住ロシア中国人は五〇万人だが、極東ロシアだけで二〇万人以上とも三〇万人以上ともいわれている。極東ロシア周辺には、中国の中でも人口の多い東北三省（遼寧省・吉林省・黒竜江省）が近くにあり、余剰人口はいくらでもある。

18　極東ロシアは中国の農地？

松花江は、黒竜江省をロシア国境に向かって滔々と流れる大河である。省都ハルピンから北へ二〇〇キロほど進むと、そこは大農業地帯が眼前に広がる。松花江は、そこに農業用水を供給する重要な役割を担っている。

その松花江を国境として、ロシアで最も小さな自治州、ユダヤ自治州がある。全人口二〇万人程度のこの自治州は、黒竜江省に隣接するロシア領だ。いつの時代からか定かではないが、人口最多のロシア人やウクライナ人、全体の二％もいないが州の名称となったユダヤ人、ドイツ人など多民族が定住するようになった。朝鮮族や中国人も少数だが、生活している。

こうした地理的関係や歴史的背景もあるにちがいないが、近年、ここに新しく中国人が入植し、中国式農業を営むようになっている。

　そのうち、ある一人は、二〇〇五年に五〇〇〇ヘクタールの農地を二〇年間借り受け、ダイズと野菜の栽培を始めた。農作業をするのは、中国人と現地雇用したロシア人だ。しかし、ロシア人の農業者自体が減っているので、結局は中国から連れて来た労働者や現地の中国人に農作業を頼らざるをえない。作った農産物は現地で販売し、中国には輸出しない。関税や植物防疫のため、貿易は生産者にとってはあまりメリットがないからだ。ゆくゆくは販売面を中心にロシア企業と合弁会社を作り、基盤の安定を図ろうとしている者が多い。

　ロシアと中国は目と鼻の先だ。ロシアに居住する中国人も多く、農産物需要がある。気候や土壌条件は黒竜江省など中国の東北地方に比べると厳しいが、広大な土地と安価な農業労働力が魅力だ。

　ロシアに進出した中国農業は、企業的経営と耕作面積の比較的大きい個人経営が中心である。そこに中国各地で見られるビニールハウスを建て、主に野菜栽培を行うのだ。ダイズ栽培や穀物栽培では人力作業は難しいので、中国メーカーが製造した中型トラクターなどを持ち込み、耕うん作業を行う。

　中国農業の進出について、ロシア側の反応はさまざまだ。広い農地を提供するロシア側にも利益があれば、中国は歓迎されるパートナーとなる。しかし、利益が中国に持ち出されるだけなら、中国は非難の対象になるだろう。

　ロシア側が望んでいるのは、広く平坦な農地を使い、付加価値の高い農産物、たとえば有機農産物を大量に生産し、地理的に近い日本や韓国、大消費地の中国へ輸出することだ。最近は、中国の東北三省と極東ロシアとの貿易は急増し、経済関係も強化されている。おそらく農産物貿易も、そう遠くない将来に現実のものとなるはずだ。

反面、アフリカ同様、中国のこうした行き過ぎともいえる農業進出に、危機感を募らせるロシア人も少なくない。中には、「日本が北方領土を返せといっても、ロシアは一ミリだって返さないだろう。だが、中国はいつの間にか、ここを自分たちの領土にしてしまった」と嘆くロシア人もいるくらいだ。近年の中国の報道によると、極東ロシアの中国系農場の数はおよそ二〇〇〇、耕作面積は約三五万ヘクタール、中国人農業従事者は三〇万人にもなり、現在もなお規模は拡大し続けているという(農業部対外経済合作中心他)。

19 パクス・シニカ

中国の指導者は内外で、ことあるごとに「中国は覇権を求めない」という。ある意味では自己正当化としか聞こえない響きがある。東シナ海の尖閣諸島、黄海の離於島(中国側表記は蘇岩礁)、南シナ海、第一列島線と第二列島線問題やまじかに迫る空母の運用開始等々の問題をみると、この言葉にはなにか空々しさが残る。

世界を席巻する中国を表して、昨今、国内外の多くの経済学者やジャーナリストは、「パクス・シニカ」「パクス・チャイナ」とも呼ぶようになっている。

「パクス(Pax)」とは、ラテン語で「平和」を意味する。「パクス・ロマーナ」という言葉がを表している。

あるが、これはローマ帝国の覇権がもたらす世界的な平和を意味し、すなわち全盛期のローマ帝国

「パクス・ロマーナ」をもじって生まれたのが、かつての大英帝国やアメリカの世界支配を表した「パクス・ブリタニカ」「パクス・アメリカーナ」という言葉だ。それらに続き、現在の中国が、「パクス・チャイナ」「パクス・シニカ」と呼ばれるようになったのだ。つまりそれだけ、中国は先進諸国においてさえ脅威に映る存在になったといえるだろう

ヒト・モノ・カネなど、あらゆる存在が国境をなくそうとするのが、グローバル社会だ。そして今後のグローバル社会を考え、議論する際、中国の存在は断じて無視できない。まさに中国こそ、超大国の強みを生かし、ヒト・モノ・カネを世界中に送り込む「アジアの盟主」たろうとしている。アフリカやアジア諸国への農業進出、エネルギー資源の獲得や開発は、中国のグローバル戦略の一つの側面に過ぎない。

世界最大の投資銀行であるゴールドマン・サックスは、二〇〇三年、『BRICsとともに見る二〇五〇年への道』というレポートで大胆な予測を行い、世界の経済界に衝撃を与えた。その後、それを大幅に修正して二〇〇七年に改訂した『BRICsとその展望』というレポートでは、「二〇二七年までには、中国はアメリカを抜き去り、世界第一位の経済大国になるだろう」と予測している。実際、その可能性は極めて高く、中国は間もなく、名実ともにかつての「大中華帝国」を復活させることになるだろう。それは七〇年遅れでやってくる本当の「大躍進」となるにちがいない（一九五八年から毛沢東が始めた農工業の大躍進政策では、数千万人の死者や自然破壊などを起こし

て失敗した)。

「パクス・チャイナ」を、「アメリカ的な、力で支配する中国」という意味でとらえる海外の経済学者もいる。そして、その意味通りに中国が躍進を続けていけば、世界にとってはかなりショッキングな展開が待ち受けることになる。経済面、外交面のみならず、軍事面においても中国の存在は脅威となるかもしれない。

一方で、そうならないように中国を抑止しつつ、その経済力、推進力をグローバル社会の利益に還元していくためにはどうすればいいのか、といった議論も盛んに行われ始めている。中国の国際的影響を真正面から受け止め、その国際的協調と安定のあり方を模索する議論だ。そして、筆者もそのうちの一人だ。

嫌中派の人たちは、「中国はいずれ世界を征服することが目的なのだろうな」と苦虫を嚙み潰したように言う。しかし、中国の指導者層がそのような考えを持っているとは思えない。第一、世界征服を目指すのならば、まずは多くの国内問題を解決しなければならないだろう。ただし、中国の過剰なまでの海外農業進出は、鬱積する国内問題を解決・改善するために必要なプロセスともいえる面もある。そしてその延長線上に、政治と軍部のかい離が起きうることを考慮すれば、右にみたような最悪のシナリオに発展する危険性もあるかもしれないが。

いずれにせよ、今後世界は、中国の海外農業戦略に、よりデリケートな神経をもって対応していかなければならないことだけは確かである。

第Ⅲ章　新しい土地支配者と食料不安

1　中国国内農業の二極化現象

日本の食卓が頼る中国農業はいま、極端な二極化現象に見舞われている。さまざまな企業が農業経営に着手し、農産物を原料とする加工事業に乗り出すなど、中国政府が唱える農業産業化といわれる政策が着々と進み、農業竜頭企業に雇われる農民が急増している。その一方で、多数の農民がこの動きから取り残され、旧態依然たる農業や生活を営み、悪化する環境や貧困からの脱出に糸口さえつかめないでいる。いうなれば変革と停滞という二極化現象が顕著になっているのだ。

まず、「資本主義型農業」に突き進む中国農業の姿を具体的にみていこう。

寧夏回族自治区は、中国西北地域にある。南半分を甘粛省、北半分を内蒙古自治区に囲まれ、東側の大部分を陝西省に接する、中国の五つある自治区のうちの最も小さい自治区である（【図7】）。以前は甘粛省の一部だったが、一九五八年に寧夏自治区として分離された。人口の約三〇％を回族（イスラム教徒）が占め、至るところにモスクの丸い形の屋根が見られ、いかにもイスラム教徒の国々に近い西方に位置することを実感させる。寧夏自治区の省都・銀川市までは、北京から空路二時間の距離だ。

以前、上海に近い杭州市から銀川まで行ったときのこと、通常は三時間半のフライトで着くはずが、大雪に見舞われ三五時間かかったことがある。このときは乗客のうち外国人は筆者一人、閉じ込められた飛行機や雪で混雑する空港の中で筆舌につくしがたい体験をした。中国旅行では、予想

【図7】 中国地図

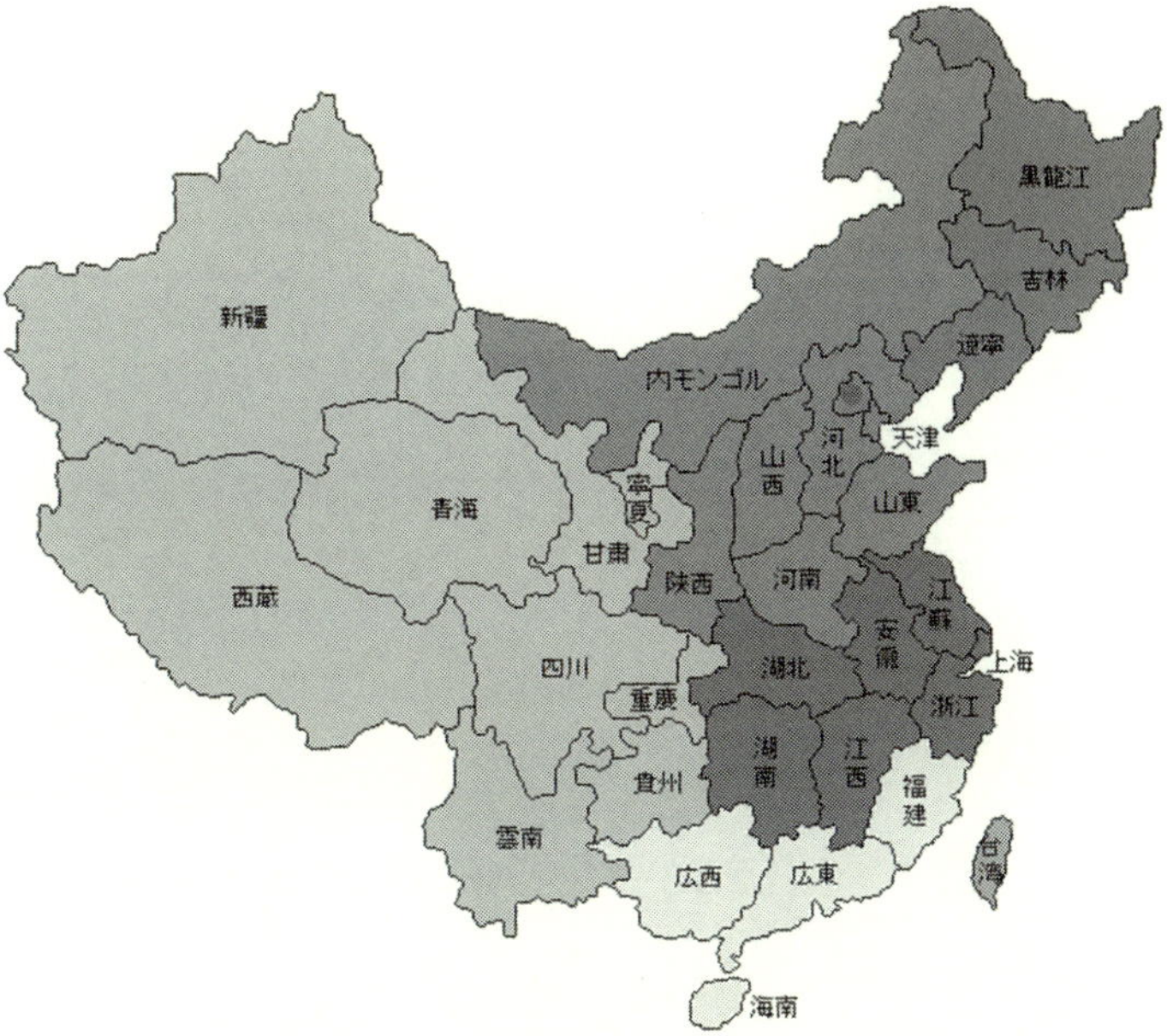

できないことにたびたび遭遇する。

その銀川市は、砂礫質の赤土からなる黄土高原にあり、標高一〇〇〇メートル、市内を南北に貫くように黄河の水が滔々と流れている。車で郊外を走ると、黄色く荒い土が続く遠い地平線に、半ば朽ちかけた万里の長城が見える。そこはもうすぐ内蒙古だ。別の方角へ行くと、こんどはアラビアンナイトの絵に出てきそうな、広大な砂漠地帯に到達する。

古くから稲作が盛んだったことから灌漑施設には二〇〇〇年以上の歴史があり、いまなお当時のままの渠つまり幅二～三メートルの水路が市内を縦横に貫く。その恩恵もあり、昔から「魚米之郷」と称されてきた。市内人口は約一五〇万人、市内には

【写真９】 中国式ビニールハウス〔筆者撮影〕

まだ高層ビルはほとんどなく、日系企業もあまり進出していない。

銀川市の中心部から車で一時間も走らないうちに、広大な畑や水田、赤土がむき出しになった荒地や丘陵が姿を現す。道路は途中から舗装されていない支線に入り、すれ違うトラックが砂嵐のような埃を巻き上げながら通り過ぎていく。やがて、車は行き交う車のほとんどない道路の脇に止まった。

そこに、訪問する予定の大規模商業作物の施設型農場を案内してくれる県の役人が車を止めて待ってくれていた。県の役人たちは、地位の高い方から順に自己紹介してくれたが、はっきり言わないし、慣れていない様子もあり、途中から誰が誰なのかわからなくなった。

連れて行かれたところは、広大な褐色の大地に、膨大な数のビニールハウス（中国では「大棚」という）が建設中の工事現場だった。予定ではその数は七〇〇棟になるという。北側に二メールほど土壁を設け、そこから湾曲させた弓型のパイプを地面に刺し、その上にビニールを張るというのが、中国特有のビニールハウスであるが、訪問した当時はまだビニールは張られていなかった（【写真9】）。ビニールハウスの一つの区画は七アールから大きなもので三〇アール。一部のハウスには、すでに小さな果樹の苗木が植え付けられていた。私が初めてそこを訪問したのは二〇〇七年一一月のことだったが、工事は未完の段階で、完成にはあと一年はかかるということだった。

2　資本主義大規模農業

F果業の農場全体が見渡せる二階建ての事務所の屋上に案内され、ここで行われようとしている大規模農業経営計画の概要を聞いた。説明してくれたのは、この農場の経営者の一人である劉さん（仮名、三八歳）だ。劉さんと彼の共同経営者が、ここF果業を起こしたが、彼らは農民の生まれではない。中国で進む企業型農業経営、すなわち農業竜頭企業といわれる企業経営が、ビジネスチャンスと見込んで参入したものだ。

F果業は二〇〇六年、一〇八〇万元（約一億四〇〇〇万円）を投じて、果菜と果樹栽培をスタートさせた。

農場すなわち基地（中国では一般に大規模農場のことを「基地」と呼ぶ）は、三ヵ所に分かれ、全農地面積は九〇ヘクタールに及ぶ。私が訪問したのは、そのうちの一ヵ所で二三ヘクタールの農場だ。F果業の総資産は三億五〇〇〇万円、計画の完成後には年間売上高一億三〇〇〇万元（約一七億円）を目指している。農地はすべて農民からの借地で、一〇アール当たり年間八四六元（約一万一〇〇〇円）の借地料を支払う約束だ。

農民は、村人の組織である村民委員会から与えられた農地使用権をF果業に貸す、つまり転貸するのだが、その期間は二二年間と定めている。農地の貸借方法は、日本でいう定期借地権による土地貸借のようなものである。農民にとっては安定収入が確保でき、さらに農場で働く収入として一日当たり三八元（約五〇〇円）が懐に入る。農地を貸した農民全員が毎日農作業に雇われるわけではなく、平均すると一日五〇人程度というが、雇われた者にとってはとても魅力的だ。

F果業は、もともと自分の農地を持っていない。貸し手となった農民は約一〇〇〇人、そのうち二〇〇人ほどがこの農場で作業している。農作業に雇われる大部分の農民はF果業との間で、中国語で「訂単」と呼ばれる農産物買取契約を別に結び、収入を得る形をとっている。F果業のような竜頭企業と農家との間で結ぶ「訂単」は、栽培前の簡単な契約書を指し、納品時の単位当たり価格が決められている。

農民から借り上げた農地は、二〇〇六年九月から整地され、ハウス建設が始められた。その一年後には、F果業全体の計画の約半分に当たる三五〇棟のビニールハウスが完成している。農地は農民が耕していた頃の姿から完全に形を変え、どこが誰の持ち分だったのか、いまは一目見ただけではわからない状態だ。すべての土地が整地され、ビニールハウス一棟ごとの区画に生まれ変わってしまったからである（【写真10】）。

ビニールハウスは採光の方式により、日光温室（ハウス全体にビニールを張るもので一八〇棟）、冷

【写真10】 F果業のビニールハウス群〔筆者撮影〕

棚（ビニールの露出を少なくし、ハウスをワラで覆うもので一五〇棟）、半温半冷式（ビニールをハウスの半分程度露出するもので二〇棟）という三種類に分かれる。穀物は価格が安いので栽培せず、ブドウ二五万株、モモ五万株、ナシ五万株、アンズ三万株などの果樹を主に栽培している。キュウリ、トマト、イチゴなどの野菜や果菜類も栽培しているが、全体的には七〇％が低木の果樹と果菜、三〇％が野菜だという。ビニールハウスの大きさや栽培品目によっても異なるが、一棟当たり、年間平均三万元（約三九万円）程度の売り上げを目指している。

三ヵ所の農場に属する農民は、F果業の経営計画により一元的に管理され、ビニールハウスごとの栽培品目、栽培時期、栽培数量などの計画に沿った栽培を行う。これを「下単」といい、直訳すると「注文を出す」という意味である。つまり経営上層部は管理下の三つの農場を構成する農民に、栽培と納品の内容をこまかに指示しているのである。

F果業と契約する農民にしてみれば、自分の農地で、いろいろな種類の農作物を作り、その一部を契約の対象として売り渡すことはできない。自分が使用権を持つ農地、つまりは自分が耕す農地のすべては、F果業に貸し出してしまっているので、自由になる農地はひとかけらもない。農民が自分で作って自分で自由に売る、それまでの方式は完全に消えてなくなっている。

それゆえ農業竜頭企業と農民との契約といっても、それは企業に貸した農地で、企業と契約した内容を満足させるための農作業を黙々とこなすことにほかならない。つまり企業と契約した農民は、貸した自分の農地で、企業に雇われて働くサラリーマンと同じようなものだ。

しかも同時に、地代という収入を得られる資産家としての一面も持つ。つまり農民には、農地を貸した代金プラス労働所得という二つの収入源を持つことになるので収入源が増えることになる。個人で農業をしているときにはなかった、使用権の転貸の結果生まれる地代収入は、農家所得を増加させる大きな財源となったのだ。

企業が農民をこのような契約関係におくことを、中国語で農民の「帯動」という。この言葉は、農民に増収をもたらしたことで、ポジティブなニュアンスで使われることが多い。今の中国では、大きな農業竜頭企業の場合、数万の農民を帯動することも珍しくない。

だが、ここには新型世界食料危機を増幅させる要因にもなるような問題が潜んでいる。それは農民のみならず、そして農作物の消費者にも及ぶことなのだが、この点はあとで触れることにしよう。

3　中国人のビジネス観

劉さんは見わたすかぎりに広がる広大な農園を指さしながら言った。

「ここら辺りは水田が盛んだった。だが儲からないから、そちらのほうは農民に任せる。我々は野菜や果物を大規模に経営していくつもりだ。これらの作物は作れば売れる時代がやってきた」

劉さんは、市内最大手の青果物商やスーパーを営むだけに、商売の才覚を人一倍持っているとばかりに自信にあふれている。現に、この農園はこの地方の人々の耳目を一手に集めるプロジェクトに成長した。

起業資金は、手持ちの資金と借入金を合わせ初期投資額の一〇八〇万元（約一億四〇〇〇万円）をかき集めた。大変な額だからさまざまな筋の支援が必要だった。とくに中国農村で強い権限を持つ県の協力は不可欠なものだった。広大な面積の農地は一〇〇〇人にも及ぶ農民に分散していたので、契約上の合意を得るには行政の強力な支援や指導がなければまず無理だった。日本的な常識から考えれば、これほど数多い地権者の合意を得ることは至難の業だが、中国ではそれほどでもない。

農地所有権は集団経済、つまりは村人の自治組織に任されており、実質的な共産党管理下にある村民委員会にあるので、最終的には党の判断がなによりも優先する。F果業の場合も、そういった機関への働きかけのような見えない力がなければ創業は難しかったであろう。

劉さんは市内最大の青果商やスーパーを営んでいたので、所得も人並み以上で、生活に困ることはない。それでも新しいビジネスチャンスが見つかると、すぐに挑戦するというタイプのようで、今回の起業もその一つだ。

もしこの事業がうまくいけば、軌道に乗ったところで、ここの経営は誰かほかの人に任せ、また新たなチャンスが見つかれば、また資金集めからスタートするに違いない。実際、青果商やスーパー経営はすでに知人に任せ、企業所有者として利益分配を受けるだけになっている。

劉さんのようなタイプは中国ではけっして珍しい存在ではない。儲かると思えば、次から次へと新しい仕事を起こし、ますます利益を膨らませていくのが中国人の企業経営者であり、成功者のパターンだ。日本人のように、ある程度成功したらそれで満足するのとは違って、中国式経営に妥協や終わりはない。それが農業であろうとサービス業であろうと違いはない。社会的使命感などからではなく、個人的な利害で行うのが中国人のビジネス観だ。

4　外国農業資本の活用――A有機農業有限公司

次の事例は、日系企業が関係する中国で注目される農業竜頭企業だ。

第Ⅱ章で述べたように、近年、日系企業の農業や食品加工への対中投資は急激に伸びている。食品加工への投資が圧倒的に多い中、農畜産業・林業・水産業といった第一次産品を直接生産する事業にも安定した投資が向けられている。その一つがA有機農業有限公司である。

A有機農業有限公司は、日本のビール会社が事業主体となって、大手化学会社や著名な商社が資本を出し合い、二〇〇六年、中国に設立した日系農業竜頭企業である。設立に当たっては、山東省の省長とビール会社のトップが交渉して合意したという新しいタイプの農業企業である。当時、日本でもマスコミの報道で注目を集めていた。

出資比率はビール会社七九%、大手化学会社一三%、大手商社八%で、資本金は一九億円、社員数一〇〇人（大部分が中国人）、農地は約一〇〇ヘクタール。直営農業なので、農地使用権は同社に属する。本社は農場全体を一望できるやや高台にあり、社屋にはビール会社の社旗と日の丸、五星紅旗が風に揺られて勢いよくたなびいている。

事業内容は、野菜・トウモロコシ・小麦・イチゴの栽培と酪農が主体だ。現在のところ販売先は中国向けのみで、高級感を出した農作物や加工品を提供することを心がけているという。

野菜・イチゴなどの耕種農業部門については、露地栽培と温室栽培の二種類がある。露地栽培用の農地は約四〇ヘクタールで、品目は、トウモロコシ、小麦、ニラ、インゲン、ジャガイモ、タマネギ、サツマイモ、サトイモ、ダイコン、アスパラガス、その他葉物など。温室栽培は一・三ヘクタールあり、イチゴは日本の高級品種の女峰を中心にしておりその他ミニトマトなども栽培している。イチゴ栽培棚には平地作業式と立ち作業式がある。

主力事業の一つである酪農は、二〇一〇年一月時点で、総飼養頭数一九五一頭、うち経産牛といってお産の経験がある牛、つまり牛乳生産ができる牛が一一〇〇頭、年間搾乳量は六〇〇〇トン余りと、国内の酪農経営と比べても規模が大きい。生産過程で生じたトウモロコシの茎を廃棄せず、サイロで発酵させてから牛の粗飼料に回している。

二〇〇八年には、生乳を加工して紙容器にパッキングし、スーパーに卸す専業の企業A有機乳業有限公司を設立した。出資比率はビール会社九〇%、大手商社一〇%で、資本金八億四〇〇〇万円、社員二〇人(大部分が中国人)。乳加工施設場面積二三八〇平方メートル、生産能力一日当たり三トンである。乳加工施設は、近くにある中国最大手の竜頭企業L社の施設を借り、中国では初めてとなる新型の牛乳加工機械を設置した。

酪農業から出る牛糞を有効活用するのがこの企業の特徴で、化学肥料から堆肥農業への転換を進めるため、クレーン型の大型攪拌機で牛の糞尿にトウモロコシの茎を混ぜた堆肥作りをしている。できた堆肥は、自社や近隣の農家の園地にすき込み、有機農業を実践している。ただし案内してくれたI社長は、次のような問題もあると言っていた。

「地面に牛が排泄するので、回収するとき土が付着して、堆肥にどうしても土が混ざるのが難点です」。

実際にできあがった堆肥を手にとってみると、匂いも湿気もなく軽かったので、品質的に問題があるわけではない。この堆肥が撒かれた土地の色は黒く、明らかにほかの農地の色とは違っていた。手に取った土は柔らかく、すぐにぬくもりが手のひらに伝わってきた。A有機農業有限公司は「有畜農業」を中国で実践しているのだ。やがてこうした農法が、近隣の農民や農業企業にも伝わっていくといいなあと思いながら、畑を見まわしたのだった。

A有機農業有限公司の理念は循環型農業で、中国でいう生態農業を築き上げることだという。そのために牛を飼い、堆肥を作り、自社で作った農作物から出る副産物を餌に回す。必要な有機物を自社で作り、自社の農場で使い、化学肥料や農薬依存をできるだけ減らす。それにこの企業は真剣に取り組もうとしている。これがうまくいけば、中国農業の技術のあり方を根本から変え、疲弊した土壌や水を元に戻す素晴らしい実例になるかもしれない。そんな夢が込められているように見える。

5　大手を振る農業竜頭企業

Ｆ果業やＡ有機農業有限公司の例からわかるように、中国農業で起きている農業竜頭企業の進出は、私が過去に使った言葉で言うと、特に悪い意味ではなく、「企業による土地支配」（高橋「中国農業産業化と企業の土地支配」『東亜』二〇〇九）といえるものだ。

ただし、この場合の「企業」にはさまざまな経営体や組織体がある。日本では一般に、企業といえば株式会社、有限会社など会社法でいう企業を意味し、その目的は利潤を最大化することを通じて社会的な使命を担うものだと考えられている。

他方、農業竜頭企業を中心とする中国の農業企業は、農地の経営体への組み込み方、利用の仕方、農家との農地および事業の関係、経営体が農家をどのように位置付けるかによってさまざまであるのが実態だ。

実態は不明な部分も相当多く、正確とはいえないが、基本的な形は次のとおりである。

①農地使用権（農民の耕作権）を農民から借り、農民には地代を払い、かつ幾人かの農民を企業

の農作業に雇用し賃金を払うもの。
②企業が農地使用権を直接取得し、農業経営を行うもの。
③企業が農民に対して農地を貸付け、そこで栽培された農作物を買い上げるもの。
④右記、①～③の複合的事業を行う農業企業。

①は、Ｆ果業のパターンだ。大規模借地農業経営という言い方もできる。これは、資本主義農業とみなすことができるほどの企業型農業経営だ。

②は、企業が農地を直接取得する点で、農地使用権を農民から借りる①のスタイルとは異なる。では農作業は誰がするのかというと、出稼ぎ農民と近くに住む農民だ。中国農村には、年齢にこだわらなければ、まだあり余るほどの労働力が毎日を退屈に遊んで暮らしている。その中でも仕事に意欲のある農民が、沿海部や大都市近郊の農業企業に賃稼ぎに出るのだ。

③は、特定の農作物を栽培する前に、農民との間で買い上げ量と買い上げ単価を契約し、収穫時にその契約を履行するものである。この場合、農民の自由度は狭く、種子、肥料や農薬の撒き方などまで企業が指定し、場合によっては、企業が派遣した技術者やそのために雇われた親方農民が栽培の様子を監督・技術指導することもある。このようなスタイルは、農作物を原料とする食品加工業者や大手のスーパーマーケットに多い。

6　企業のエージェンシー

こうした企業形態のほか、目を向けるべきものに、ある種の協同組合である農民専業合作社がある。日本のJAのようなものだが、似て非なるものだ。JAは総合経営で、金融、共済、農産物販売、肥料・農薬の供給、冠婚葬祭業など、さまざまな事業を展開している。

中国の農民専業合作社はというと、農民向けに農業技術の指導や肥料・農薬の供給などを行うところもあるが、概して農民の農地を集めて、大規模な稲作や野菜栽培のみを行い、収益を農民に還すというものが多い。

また、農民との接点を持たない農業企業が、大規模農業経営を始める際に、農民をまとめ、その農地を企業に提供していくためのエージェントのような働きを農民専業合作社に期待する場合も少なくない。このように、企業と農民を結び付ける役割をする合作社を指して、「仲介組織」などと呼ぶ場合もある。

どの国の協同組合も、組合員の利益のために独自の事業を行うのが原則だが、この意味で、農民専業合作社は企業と農民を結びつけるという風変わりな仕事を当たり前のように行っている。その背景には、農民専業合作社は農民の自主的な農業活動を担う協同組合というよりも、県や市政府など、上部行政組織からの強制によって作られているという実態がある。

そのため組合員は出資をせず、運営資金はその地域の有力な指導者や農業企業から出る場合がほとんどなのだ。さらに言うと、多くの合作社は農業企業によって作られ、企業の管理職が合作社の理事長、その企業の従業員が合作社の事務員も兼任するというのが普通だ。企業の代理人として誕生し、その役割を忠実に果たそうとする合作社が多いのも当然である。

厳密には、二〇〇七年に制定された「農民専業合作社法」によって設立された合作社と、それ以前に設立された合作社とでは性格を異にするはずだが、実際の現場では大きな違いはない。

「農民専業合作社法」による合作社は、協同組合の世界組織「国際協同組合同盟」が定めた協同組合原則の規程に準拠するものなので、一人一票の原則など組合員のために民主的組織運営をすることが前提になっている。

ところが、実態はそれが歪められ、農民を農業企業のために管理する手段になり下がっているのが一般的だ。しかも農業企業自体が進める農民の農業企業による雇用労働者化が官制のものなので、結局は、合作社は上からの農業政策を進めるための一手段として存在している例が多いのだ。これでは農民は利用されるだけの存在になりかねない。

7　市場経済主義が生み出した協同組合

ただし国策にどっぷりつかった合作社が多い中で、かなり協同組合的な実践を試みている農民専業合作社もある。二〇〇七年、吉林省長春市双陽区の農村にできたS農民生産合作社はその例である。真夏のクーラーのない事務室で、理事長から聞いた話はこうだ。

S農民生産合作社は、農民の農地使用権を現物出資させ、それに対して合作社の利益から農民に配当することが主な事業だ。S合作社は、二〇〇〇人の農民から六二二ヘクタールの農地を集め、大型機械が入るよう区画整理や基盤整備を行った。

農作業を行うのは合作社と契約した一部の農民で、合作社の指示した方法で統一した栽培を行っている。具体的には統一品種、統一耕作、統一管理、統一加工、統一販売で、これを合作社は「五統一」と称している。農地と農作業から解放された農民は、別の仕事を探す余裕ができたという。

農民が出資した農地は一ヘクタール当たり五〇〇〇元（約六万五〇〇〇円）の株式と同じように扱われ、利益配当は年間で一ヘクタール当たり六七五元（約八七七五円）。農地を提供できない農民も加入できるが、この場合にはやや高く一人二〇〇〇元（約二万六〇〇〇円）の現金出資をさせる仕組みである。この場合も年末に配当が出るが、金額は不明だ。

合作社の倉庫には中国製のほか日本のY社製大型トラクターが三台、ロータリー式一〇条田植機が数台、それもY社製を含めて数台あった。その購入資金約一〇〇万元（一三〇〇万円）は県政府からの補助だ。

S農民生産合作社はその名の示すように「生産合作社」だ（【写真11】）。つまり、中国の市場経済制度の発展が可能にした一種の農業生産協同組合である。しかも単なる生産協同組合ではなく、市場経済制度を前提にしたものである。この意味で社会主義が得意とする集団農業とはまったく異なる、中国式の新しい協同組合式農業といっていい。この点は、農業や農家のために出直す意欲のある日本の農協にとっても参考になるはずだ。

【写真 11】 農民合作社の穀物倉庫〔筆者撮影〕

筆者は二十数年前、日本のＪＡを改革し、農民が企業のようにＪＡを再編し、生産農業協同組合にすべきだと主張した（『生産農協への論理構造』日本経済評論社、一九九三）。当時からすでに日本式のＪＡの役目は終わっていた。その主張はいまでも変わっていない。それがいま中国で実現し、広まろうとしている。

社会主義時代、毛沢東は旧ソ連のコルホーズを真似た農業合作社や、その後の農村人民公社を広めようとしたが失敗した。これらもスターリンや毛沢東が夢見た農業生産協同組合の一種だったが、共産主義思想の破綻とともに消えていった。

これらと比べるとＳ農民生産合作社は非常に現代的で、しかも農民の利益を考え実践している。この合作社を訪問できたことは、日本のＪＡや農業の仕組みを考えるうえで、筆者にとっても非常に有益なことだった。

8　対立する農民と消費者の利害

中国農業の激変のシンボルである農業竜頭企業であるが、急激な躍進の陰には、非常に大きな不安定要因が存在する。せっかくの新しい中国農業の基礎が揺らげば、農村や社会全体に対しても大きな影響を及ぼす。ひいては食料の確保に赤信号が灯る危険がある。

中国の民族企業か外資系企業であるかを問わず、農業竜頭企業に共通するのは、資金を出して企業経営に乗り出す者の大部分が非農民、商工業経営者で財を成した成功者、地元の有力者、あるいはそのダミー経営者などであるということだ。農民経営者はほとんどいないし、それができる資金的余裕のある者は皆無といってよい。農民の多くは農地を無くした者、あるいは労働力として使われる身だ。

だがささやかではあるが、農民も農業竜頭企業に対して抵抗をみせている。これが農業竜頭企業の最大の悩みだ。

企業と農作物販売をする契約をした農民には契約に縛られない強みがあるからだ。農作物に付きものだが、収穫量や品質には出来不出来がいつでも起こる。農民は市場価格が安いときは企業へ売るが、高いときは勝手に市場へ売ってしまうことが多い。価格が安いときは買い手市場、高いときは売り手市場という原則がそのまま現実に適用される。明らかに契約違反なのだが、罰則が適用できるわけでもない。価格変動は、農業竜頭企業にとってまさに弁慶の泣き所だ。

農民のこうしたやり方が、弱者だけの特権とでも言うべき自己防衛に過ぎないことも確かだ。しかし、弱者がゆえにもっていた本質的な特権を失うことも起こりうる。昔ながらの農民であったときは倒産することはない。ところが農業竜頭企業の下僕のような存在になってしまうと、企業の経営悪化や事業の失敗の影響をもろに受ける。企業が倒産すれば、ある程度のわがままがきいた農作物の売り先も失うし、企業に貸した農地使用権も失うことになるからだ。農民は企業と一蓮托生の運命を歩み始めたのだ。

いわばハイリスク・ハイリターンの仲間入りをしたわけだ。農業竜頭企業と農民との関係は利益もリスクも分かち合う、ウインウインの関係だというスローガンもあるが、それが保証される根拠はない。農民の立場からいえばあまり考えたくないことだが、極端な話、ロスロスの関係も内包している。農民が農業企業に身を委ねるということは、市場経済にさらされることだからそれは避けて通れないし、それも進歩だといえる一面も確かにある。だが、そこにはセーフティネットなどは張られていない。

もう一つは、消費者にとっての問題がある。企業は農地使用権を農民から借りる場合に反対給付としての地代を払う。これは農民が家族経営状態であったときは、自分の農地に発生するみなし地代なので、実際の費用としては認識されず、農作物の価格に上乗せされることはなかった。

ところが企業が農地を借りると、農民に地代を実際に払う行為、つまりは現金の支出行為が発生する。そこで地代を払った分を損したくない企業はその費用を回収するため、農作物や加工食品を市場に売り出す際、価格に上乗せする。最終的にそれを負担するのは、農民でも企業でもなく、実は一般の消費者なのだ。

このように、農業竜頭企業はＧＤＰの増加には寄与する反面、消費者の負担を増やしてもいる。農業の企業化が表面化させた社会的なコストである。社会的にみると、中国の農業産業化政策の下では、農産物価格は下がりにくいのである。

9　農業新規参入者——董福苓氏の場合

中国農村は、単純に要約できないほどさまざまに変化し、その変化の過程でさまざまな社会的な断面を見せている。

若者は農村から出て行き、病気にでもならないかぎり、二度と帰郷しない。それよりも都会の「アリ」（蟻族という若者集団が都会で増えている。就職できない若者が共同でアパート生活をするところからこのような名が付いた）となって生きていくことを選択している。

そのため村では農業労働力不足が起き、年老いた両親は農作業ができなくなると、農地を手離さざるをえない。その結果、浮いた農地は「流転」、つまり企業やまだ働ける人がいる家に渡っていく。こうして集まった農地が、いまや数ヘクタールに達する農民もある。しかし、その農民にも跡継ぎはなく、いずれ農地は余っていく。それはけっして人里離れた寒村で起きていることではなく、緑の大地が連綿と続く農業に適した平地で起きている農村空洞化現象だ。

こうして離農する農民が急増するなか、めったにないことだが中国農業にとって明るい話題もある。新たに農業に参入する人材も現れているのだ。

董福苓さん（仮名、四四歳）も数少ないそのうちの一人だ。董さんの故郷は山東省寿光市、そこで四年間、農民たちにトマトを始めとするハウス栽培の技術指導をしていた。寿光市は省都の済南市からは遠く、むしろ凧上げで有名な濰坊市に近い、渤海湾に面した農村漁村地帯である。地下水の塩分が主力の野菜栽培に悪影響を与えていると、現地を訪れたときに聞いた。そうした土地での野菜栽培の技術と経験を、董さんはいま活かそうとしている。

董さんは現在、兵馬俑で有名な陝西省の省都・西安から北東へ一五〇キロメートルほどの山間部の白水県に住んでいる。中国特有の土壁式ビニールハウスを三棟所有し、周辺の農民にもハウス栽培の技術指導をするためだ。ビニールハウス栽培は、肥料散布、土壌管理、水や温度の管理、植物の病害予防など、多くの繊細な手間ひまがかかる。唯一、露地栽培と比べて安心できることは、農薬散布が少なくてすむことだが、病害予防にはやはり多少の農薬散布は必要だ。

今、董さんは弟を呼び寄せ、妻と三人でハウス栽培をしている。三棟のハウスには何種類かの野菜を植えている。季節性もあり一概に言えないが、トマトが最もお金になり、栽培も得意だと言う。董さんが栽培に取り組んでいるトマトの品種は多く、それを季節に合わせて使い分けている。ハウスの土壁をくりぬいて作ったドアから入って見た栽培中の野菜は、茎も葉もピンと張り、つやがあった。出来がいい証拠だ。

「今、ほしいものは何ですか」との問いに、彼は即座に答えた。

「日本の優れた農業技術を学ぶ機会がほしい。ここでの仕事は楽しいし一生続けるつもりです」
――そう語る董さんの顔は、希望に満ちているようだった。

右を見ても左を見てもビニールハウスで埋まる畑に案内してくれた村の党書記の劉さん（仮名）は、「董さんは研究心が旺盛で、自分の畑に一〇品種のトマトを植え、栽培方法を試験している」と感心していた。党書記は村のトップだが、そのような人物が特定の農民を褒めることはあまりない。それだけ董さんに対する村びとの信頼は篤いということだ。実は劉書記も村びとの信認が厚く、村びと全員から贈られたという立派な大きな鏡が、彼の自宅の居間に誇らしげに飾ってあった。

劉さんも村の書記として、農村振興の重い責任が肩にのしかかる。それだけに、過疎の村の責任者として董さんにかける期待は大きい。董さんを見る目は、日本でよく見かける零細企業の社長が後継ぎの息子を見るかのようだった。

劉さん自身も、周囲から期待されていることを自覚しており、栽培技術水準を上げることでその期待に添い、また儲かる農業ができれば自分と同じような例が増えるはずだと考えている。

10　社長とOL兼務の美人養鶏経営者

今、中国では農村でも投資ブームが起きている。自分の経済力次第で儲かりそうなものには何でも手を出すのが投資という感覚だ。マンションを二つも三つも買う人、株式投資する人、会社を起こす人、海外の不動産に資金を賭ける人、さまざまだ。

李香蘭（仮名）さんは長春の会社で働く、長い足と透き通るような肌を持つ美人の女性管理職だ。農村調査をしていた我々は、ふとしたことから彼女を紹介され、彼女の経営する採卵鶏農場に案内してもらうことになった。市内から車で二時間、背の高い葦原の中を通るでこぼこの狭い道路の両側に点在する農家の庭先を、上下に大きく弾む目で眺めながら、やっとのことで農場に着いた。

李さんがここの経営を始めたのは二〇〇六年。現在一万羽の採卵鶏を飼い、一日九〇〇〇個の卵を出荷している。鶏舎内には、幅一五メートル、長さ五八メートルの棚が四つある。全体の収容能力は一万三〇〇〇羽。最初の投資額は一〇〇万元（約一三〇〇万円）、すべて自己資金だと言う。なかば信じられない気もしたが、深く追求する気は起きなかった。

農場には、鶏舎のほか、三〇アールばかりのトウモロコシ畑と、やや広い作業場があり、雇われている作業員が三～四人いた。スイカをいただきながら話を聞いた。

農地は農民から借りている。しかし農地使用権の制度や仕組みについては、李さんはほとんど知らず、農業には全くの素人であることがわかる。

鶏舎では、やはり雇われた老夫婦が配合飼料を鶏に与えていた。トウモロコシを主とするその配合飼料は、世界的に有名なタイの飼料メーカー、正大の中国工場から買っている。理由は有名企業なので安心だという以外にないと言う。

「利益はどのくらい出ていますか」と聞くと、「ほとんど利益はない」と李さんは答える……。

しかし笑顔からは自信がうかがえた。始めて三年が過ぎ、経営も安定してきたそうだ。李さんが実際に餌をやるわけではないし、毎日この農場に来るわけでもない。経営者ではあるが、本当は鶏のことは全く知らない素人なのだ。鶏の実際の面倒をみるのは雇っている労働者だ。

それでも彼女は今後規模を拡大するつもりだと言う。とはいっても、いつまで続けるか自分でも確信はなさそうだ。儲からなくなれば止めるか売却する、彼女の顔から浮かんできた可能性だ。

今の中国では、李さんのような農業投資家は少なくない。彼女たちは農民でもなければ農業専門家でもない。そういう人たちが利益を得ることを目指して、農業にも参入してくる。それに対して、中国では一切の規制はない。素人の農業企業経営者が増えることも頷けるが、あくまで彼女たちにとって、農業は投資の対象に過ぎない。李さんのような農業投資家は増え続けている。

11 増加する離農者

董さんや李さんのような話題もあるにはあるが、中国農村で急激に広がっているのは、止まるところを知らない離農者の増加、農地使用権の農外用への転用や他人への移転、それに伴う農民間や農地使用権を譲った相手との間で起こる土地紛糾の激増である。

まず深刻なのは離農者の増加だ。農村の戸数は増えているが、農業就業人口の減少が起きているのが最近の中国農村の特徴である。たとえば、二〇〇一年の農村戸数は二億四四三二万戸だったが、二〇〇八年は二億五六六四万戸と一二三二万戸も増えている。農村人口は同期間に七億九五六三万人から八二七五万人減って二〇〇九年は七億一二八八万人となった。農村人口が減れば農村就業人口が減るのは当然であり同じ期間に、四億九〇八五万人から二二一〇万人減り四億六八七五万人となった。

このように農村就業人口は減り、農業就業人口も大幅に減っているのだ。二〇〇一年は三億二四五一万人だったが、二〇〇五年には二億九九七六万人、二〇〇八年にはさらに減って二億八三六四万人となり、わずか七年で日本の人口の三分の一に相当する四〇八七万人もの人が農業から離れていった。三億人という数字は、中国農業が永らく維持してきた最低のラインだったが、いとも簡単に下回ってしまったのだ。

ここにまた、農業から完全に足を洗おうとしている農民一家がいる。その一家が黒竜江省に住む完新亮さん（仮名・六四歳）を世帯主とする農家だ。

八・五ヘクタールの水稲栽培が彼の農業のすべてだ。黒竜江省はコメの産地として全国的にも有名で、完さんのように広い面積で稲作をする農民は珍しくはない。現在、二種類のコメ品種を栽培している完さんが、コメ作りを始めたのは一九六一年からだ。

当時の中国は食糧不足の真っ只中にあり、毛沢東が音頭をとって設立された農業合作社の一員として働いた。その後、人民公社でも同じようにコメ作りをし、家庭請負制度が普及してきた一九八〇年代後半になって、自分のためのコメ作りに専念するようになった。

苦労して続けてきたコメ作りなので、生活の安定を目指して農地も少しずつ増やした。とはいってもそれは最近のことで、コメ作りをやめていく農民の土地使用権を譲り受けて大きくなったものだ。

八・五ヘクタールのうち、借地は五・五ヘクタール、借地料の今の相場は一〇アール当たり年九二三元（約一万二〇〇〇円）で、最近やや上昇気味だと言う。完さんが支払う借地料の総額は年間五万元（約六六万円）にものぼる。

そのほか経営費として、田植機・トラクターの償却費、日当六二元（約八〇〇円）の雇用農作業労働者一〇人に支払う給料、肥料・農薬代、年間五四〇〇元（約七万円）の灌漑水利費などがかかる。これに対して年当たりの売上げは六万五〇〇〇元（約八四万円）に過ぎないので、差し引くと所得は四〇〇〇元（約五万円）にしかならない。

黒竜江省のコメは評判がいい。上海や広東省など南方からの仲買人が、秋になると季節風のようにやってきて、庭先で現金買いをしてトラックで積んで帰る。コメの販売価格は季節によって倍の開きがある。コメが不足する刈取り前の夏場は一キログラム当たり二・四元（約三一円）程度だが、刈取りが終わった後は一元（約一三円）程度に急落する。コメの価格安定制度がなくなったので、相場は需給の実態をダイレクトに反映するようになった。

業者がコメを買いに来る時期は、刈取りが終わったばかりの頃なので、価格は最も安い時期だ。農民も早く現金がほしいので、価格が最も高くなる翌年の夏まで売るのを待てない。市場の価格に合わせて出荷時期を調節できる流通・販売業者は得をし、一刻も早く現金がほしい農民は損をする仕組みだ。飲まず食わずで耐えてきた者が、差し出されたご馳走を食べずにいられるだろうか。

12　子どもに農業は継がせない

完さんには、三〇歳代の息子夫婦と孫がいる。息子は現在、省都ハルビンで個人商店を営んでいるが、経営があまり安定しておらず、農業所得の四〇〇〇元のほとんどを送金していると言う。

「その金で息子は車を買った。彼は今、都市生活を満喫している」――自慢げに完さんは言う。続けて、

「農民の私たち夫婦は食べていくだけで幸せだ。ほしいものはなにもない」

「息子さんは、いつ家に帰ってくるのでしょうか？」との問いに、

「彼らはもう、二度とこの家には戻ってこないと思う。農業はあまり好きではないし、私も子どもの自由にさせてやりたい」

中国で農村調査をしていると、完さんと似た環境にある農民の多くが、子どもに対して同じような気持ちを抱いていることがわかる。農村の現実は厳しい。六〇歳以上の農民世帯のほとんどは、農業は自分の代で終わらせたいと思っている。

苦労のわりには報われることの少なかった完さんの人生。中国の都市住民の間では旅行ブームだという。しかし彼は四〇年以上も働いていながら、妻をどこへも連れていくことができない。それどころか、町の病院に連れていくことすらできないと嘆く。子どもにだけは、こんな苦労はさせたくない……。この気持ちが、息子を省都で自由に仕事をさせている最大の理由だ。

二〇〇三年、新型農村合作医療保険制度ができてから、健康保険証を持てるようになった。赤いビニール製表紙のパスポートほどの大きさの保険証を完さんは私に見せた。

「軽い病気なら、これも役に立つ。だが、妻のように少し重い病気を患ってしまうと、あまり役に立たない」

少し大きな病院は遠くの県か市の中心部まで行かないとない。やっとの思いで遠くの病院に行っても、何時間も待たされ、診察時間はわずかだ。保険を利用しても治療代と薬代を加えると、一回の診察で少なくとも数百元はかかり、農民一人にとっての一ヵ月分の生活費が軽く吹き飛んでしまう。

完さんの住む家は、中国農村のどこにでもあるごく普通の家屋だ。宅地面積と同じくらいの広さの庭があり、軒先には干したトウモロコシや色鮮やかなトウガラシがぶら下がり、玄関を開けて入った家の中には、八畳ほどの土間のようなリビングがある。その隣に寝室が二部屋ある。家全体の広さは一〇〇平方メートルくらいだろう。

家の中の電化製品はカラーテレビくらいのもので、農家の中には冷蔵庫を持つ世帯もあるが、完さんの家にはない。病弱の奥さんがリビングの隣の寝室で横になっていた。完さんは年齢のわりにはやや老けて見える。家事と農業の両方が自分の肩にかかっているので、毎日が休む暇もない忙しさだと言う。それが原因の一つかもしれない。

13　拡大する農地流動化

企業の農業支配が始まった直接的・間接的影響として、農地権利の流動化に一段とはずみがついた。その結果、土地を失い、離農する農民も急速に増えている。

離農する農民の農地は、建前上、所有者の村民委員会やその下部組織である「小組」に返す決まりになっている。ところが、返されたほうも処分に困る。ひと昔前なら、農村人口も農業就業人口も増えていた。農家では、家族が一人増えるたびに、最低でも一ムー（六・七アール）程度の農地配分を村に要求できたが、今は農業就業者自体が減ったので、村の農地を使いこなせる農民も少なくなってしまった。そのため、農民から「農地はもういらないから返す」と言われても、村は困るのだ。

現在、中国の農村で起きている農地流動化は、日本の農地法第三条でいうような農地所有権の移転のことではない。中国の農民は農地所有権を持っていないので、ここでいう農地流動化とは主に以下のことをいう。つまり農民が所有権の代わりに配分された農地使用権（耕作権）の農民または企業などへの有償・無償の譲渡、貸付、担保処分による使用権移転登記である。

そのうち、近年最も頻繁にみられるようになったのが、有償の譲渡、貸付の二つだといわれる。娘の嫁入りや子どもの進学、医療費の負担などから生まれた借金の肩代わりに、使用権が他人の手に渡る例も増えている。

有償の譲渡とは、簡単に言うと使用権を売ってしまうことをいうが、農地のある場所や立地によって価格に大きな差がある。上海や北京など大都市近郊の商業一等地の場合、一〇アール当たり一〇〇万元（約一三〇〇万円）を超えることもあるが、かたや農村地帯ではただ同然の農地もある。

農地使用権の貸付では、完さんの例のように、離農しようとする農民の農地を、村民委員会を通さず非公式な形で、農業労働意欲のある地域内の農民に貸すことが最も一般的だ。完さんの耕作している八・五ヘクタールの農地のうち五・五ヘクタールは、離農した農民から借りている農地だ。

中国の統計ではこのような貸借農地面積や件数、該当する農民世帯数などが把握されていないので、全国的な実勢や傾向はわからない。しかし、近年大幅に増えていることは、これまでの農村各地における調査経験からして間違いない。少なく見積もっても、全農地面積の一〇％以上、つまり一三〇〇万ヘクタールに及んでいると推測される。もしそうなら、日本の全農地面積の三倍相当に達する広さだ。しかもこれで終わったわけではなく、農地の流動化はいま始まったばかりなのだ。

売却と貸付を主とする農地流動化も、農民が無償で村やその上の上部機関から、勝手に農地を召し上げられる「失地」面積五〇〇〇万ヘクタールに比べれば、まだ正当な方法だ。極端な例だが、朝起きたら、突然何も知らされることなく自分の農地が整地され、ブルドーザーと作業員が建設工事を始めていた、という信じられないことが現実に起きている。

権力による農地取り上げは農地流動化とはまったく異なるが、農地需要が高まっている背景には共通する部分もある。

二〇〇八年、四川省の省都である成都市で、農地の流動化を促すための農地斡旋市場が試験的にスタートした。農地の流動化の進展を背景に、適正な価格形成による農地取引を広めようとする省政府の施策だ。さらに農地を農地として流動化させるだけでなく、農地から商業地や需要の旺盛な住宅地への転換を進めるという意図も明白である。これで農地はますます減り食料生産はさらに減少する危険な事態に陥ろうとしている。

14　頻発する農地紛糾――企業の農地支配の陰で

企業による農業・農地支配が進む過程で、農地をめぐるさまざまな事件や紛糾が多発するようになったことも注目すべきことだ。

中国農村では、農民が請け負った農地が、再び別の農民や企業等に転貸等の形で権利移動が行われる事態が増え出した。あるいは、農民が手にした請負権の保護が弱いことを巧みに利用し、集団経済や末端の行政機関が強制的に農地の回収や収用を行うなど、農民の農業経営を無視した事態が横行している。

事態の深刻さに、中国政府も放置できないと判断し、ようやく重い腰を上げ、二〇一〇年一月「農村土地請負経営紛糾調停仲裁法」（以下「仲裁法」）を施行した。

農地紛糾は以前からもあったが、近年の農地紛糾にはこれまでにない過激かつ悪質な例がめだっている。これらは農地を農民に与えるとした「農村土地請負法」の不備や運用上の多様な問題に基づいて生じているといってよい。

いま起きている農地紛糾の主な形を列挙すると次のとおりである。
①農地の請負の締結、履行、変更、解除および終了に起因する、契約に関して発生する紛糾。
②借地権（農地請負権）の譲渡、貸付、交換、作業委託、出資化（株式への転換）等の土地の権利移動の際に発生する紛糾。
③最初の請負および権利移動した土地の返還と請負の調整時に発生した紛糾。
④借地権（農地請負権）の確認の際に発生した紛糾。
⑤借地権の侵害によって発生した紛糾。
⑥法律、法規が規定するその他の請負経営の紛糾。

以下は、中国で実際に聞いた話からまとめた農地をめぐる紛糾事件の例である。二〇〇八年に中国全土で起きた農地をめぐる紛糾事件は一五万件といわれている。これ以外にも隠された事件が相当数あるといわれているので、実際はその数倍にのぼる可能性がある。

＊ある地区の電話局が、半年の長距離電話の通話内容を調べたところ、農地紛糾に関する会話が全体の二五・五％を占めていた（電話局がそんなことができるのだろうか、という疑問は残るが）。
＊国土資源部資料によると、二〇〇四年以降に起きた農村の群衆暴動事件のうち、六七％は農地紛糾に由来する事件だった。
＊上級行政部門への農民の上申書を集計すると、農地事件の三三％は地方政府などによる農地の強制的収用が発端だった。
＊江蘇省の某県公安当局の資料によると、二〇〇八年に農地紛糾事件が一六八〇件起きたが、そ

れだけで刑事事件全体の二五%を占めた。

*ある省の某県では、一年間で農地請負に関する紛糾事件が六四三三件発生した。このうち二八五八件(四四%)は請負農家の請負不履行、二五一一件(三九%)は農地の強制収用に伴う紛糾事件だった。

15 農地紛糾事件の実態と原因

次に具体例を見ていこう。

*浙江省杭州市の寧海の農村で大規模開発計画が持ち上がり、三六〇名の農民の農地二六〇ムー(一七・三ヘクタール)が収用されることになった。しかし収用による農地の補償価格は、市場で取引される実際価格の一〇〇万分の一にも満たないものだった。収用した村幹部は、天文学的な土地売却益を手にすることが明白だった。

その後、農民の一部が、村の全農民を代表する形で収用に応じる文書に署名していたことが判明した。結局、この事件は裁判になり、一審では農民側が勝訴したものの、控訴審ではまだ明確な結論が出ていない。

*農民Aは工場で働くため挙家離村した。そのため請負農地が六七アールほどあったのだが、農地所有者である村民委員会に届出せず、一年間にわたって耕作放棄をしていた。村人の役場である村民委員会は農地を利用していないことを知り、五人の農民に三年間その全部を請け負わせ、各農

民は二〇元（約二六〇円）を村民委員会に支払った。

その後、帰村した農民Aは農地を自分に戻すよう主張。村民委員会主任は新たに農民Aと三年間の請負契約を締結し、年四〇〇元（約五二〇〇円）を支払うことを約束した。しかし四〇〇元を支払う前に、この主任が別の農家と六〇〇元（約七八〇〇円）で請負に出していることが発覚し、二重に約束してしまっていた。そこで怒った農民Aと主任の間で争いが起きた。

＊農民Bは町で商売をするため、一家で村を出た。町にいる間、村民委員会への支払いすべてを負担することを含め、四〇アールを農民Cに転貸した。その代わり、すべての収益は農民Cに帰属することで合意した。しかし翌年、農民Bは突然帰村し、Cに対して転貸していた四〇アールの農地の返還を求め始めた。CはBが町へ出ていた間、地代と一定量の生産物を村民委員会に納めていた。ついに、双方は折り合いがつかず訴訟に発展した。

＊農民Dは一九九八年から一六アールの請負農地を持っている。二〇〇四年、そのうち八アールを農民Eに転貸したが、EはDの承諾を得ないまま、その農地を建築資材置き場にしたいという別の人に貸した。これを知った農民Dは、Eに対して農地の原状回復と返還を要求したが、Eはこれに応じず、紛糾事件に発展した。

＊ある省のある村長は農民の了解を得ないまま、野菜、果樹を栽培していた数十アールの農地を他の用途に転用するため、一夜で整地してしまった。この農地で生計を立てていた農民（何人かは不明）は、憤懣やりかたなく村長と対立している。

＊農民Fは、農業税やその他の負担金の支払いを嫌う農民Gから農地の耕作を委託された。農業

税が廃止されたうえ、一定の補助金をもらえるようになった頃、GはFに対して農地の返還を求め始めた。Fはそれまで農業税やその他の負担金をGに代わって支払ってきたので、この要求を拒否したが、Gは毎晩のようにFの家に怒鳴り込むようになり、当事者間の和解が不可能な状態になった。

＊「農村土地請負法」が改正され、請負期間が三〇年に改正になる前に、農民Hは三三アールの農地を請け負った。しかしこの農地は水はけが悪かった。Hはこの農地を整備するため借金し、高い利息を支払ってきた。農業は借金を返すためにやっているようなものだった。請負法が改正になって、ようやく農業は軌道に乗るようになった。その途端、村の指導者が農地の半分を村に返すように要求し始めた。整地するために使った資金を補償することなく返せという要求にHは納得せず、結局、紛糾事件となった。

＊ある市は高度技術開発区を建設するため、三万人の農民が生計を立てている一〇〇〇ヘクタールの農地を強制収用したが、農民に支払うべき補償金が少なく、紛糾事件となっている。

これらの事例から、農地をめぐる紛糾事件はいくつかに類型化が可能である。まず紛糾事件の起きている当事者の類型化だが、次のようになる。

①農民間の紛糾。
②農民と村民委員会との紛糾。
③農民と地方政府との紛糾。

④村民委員会などの集団経済間の紛糾。
⑤農地を請け負った農業竜頭企業が実際に耕作せず、第三者の農民に、再び請負に出すことから生まれる紛糾。

次に、紛糾の原因を類型化すると次のようになる。

①請負契約締結書の不備（農民間では口頭契約が多いことが背景）。
②村民委員会による農地の利己的な返還要求。
③請負農地の転貸などの権利移動に伴う法的・実務的処理方法の未整備。
④村幹部が自由に使える「機動地」（非正規農地）の要望の増加。
⑤請負期間の延長など、請負更新に伴う手続きの不備。
⑥農業税などの廃止による農民の転貸農地の返還要求件数の増加。
⑦権利移動の際の費用負担、委託料などの曖昧性。
⑧農地の境界・面積の不明瞭。
⑨農地整備に伴う有償補償制度が未整備。
⑩農地や灌漑施設などの改良投資等の負担者の曖昧さ。

これら多くの原因は、結局、中国の農地の所有・利用関係の主体が制度的に曖昧なことから生じている。中国においても、当事者能力を発揮させるため、土地所有をまずは自由化すべきなのだ。

農業の主要な生産手段である農地の所有者を曖昧にしたままで、「農作物を作れ、励め」といい、農地が取られるときは、他人の利益を「ただ指をくわえて眺めておれ」というのでは農民はさらに救われまい。

第Ⅳ章　変化の裏側――格差・環境・闇金融

1　拡大する農-農間格差

激変する中国農業の旗手は、農民でありながら巨万の富を手にした企業経営者だ。今、中国農村地帯の至るところでマンションや道路、大型スーパーマーケットの建設の槌音が響いている。四兆元（約五二兆円）の景気刺激策や、「家電下郷」（家電の農村普及）、「汽車下郷」（自動車の農村普及）といった減税・補助金のばらまきによる農村の購買力を高める政策が目白押しだ。北京オリンピックや上海万博の開催は、中国の景気回復と成長の証しを国民の心理に印象付けることに成功した。

こうした国家プロジェクトとは一線を画す、地方政府独自の開発・成長政策も途絶えるところがない。その主役は省や市、あるいは県政府といった地方組織で、資金源は「地方融資台」と呼ばれる銀行資金である。地方の銀行も資金はだぶつき、多くは借り手探しに躍起だ。しかし地方の銀行には、その資金を貸し出す有利な運用先は見つけにくい。

そこに目を付けたのが地方政府で、低利長期の銀行資金を無担保で借り、それを先述したようなさまざまな国家プロジェクトや地方のプロジェクトに投資する。プロジェクトが成功すれば問題はないが、必ずしもその保障はない。中には、すでに不良債権化したものもあるようだ。

それはともかく、こうした景気のいい話のおこぼれにあずかっている者の中に、農民実業家が多数存在する。

【写真12】 ある貧農の住む家（陝西省）〔筆者撮影〕

彼らの商売は、土建業、建築資材の調達、輸送業、携帯電話の販売、内装業、穀物や野菜・肉などの買い付けと販売、不動産の斡旋、レストラン・スーパー・サウナの経営など実に多彩だ。高利貸しを兼営する者さえある。これらの多くは農村の開発や都市化を進めるのになくてはならないビジネスで、少し目先が利き、小銭をもつ農民ならすぐにも思い付く仕事ばかりだ。

そして儲かるとほかの事業に手を伸ばし、そこでも儲かるとまた別の事業に拡大するのが中国式ビジネスだが、この点は農民実業家も同じである。いったい何が自分の本業なのかわからなくなる。それこそが成功した証しなのだ。

成功した彼ら農民が決して手を出さない仕事、それが農業だ。非農家出身者による農業経営企業の参入が増える一方で、これとまったく逆の現象が起きている。しかし、農業がいかに効率の悪いものか、嫌というほど実感した彼らが、自分の農地の世話を頼む相手は出稼ぎ農民だ。出稼ぎ農民に払う農作業賃金は、一日五〇元（約六五〇円）。大きな自宅の空いている一室を数人の出稼ぎ農民に貸し、払った農作業賃金の三割を家賃として回収する。同じ農民身分でありながら、富める者と、彼らに下僕のように仕え、汗する貧しい農民が生み出されている。

さらに、発展する都市に引きずられるように開発される農村とは無関係に、ひっそりとホームレスまがいの粗末な家に住む農民家族や独居老農がいまなお数多く存在する。

2　標高一五〇〇メートルの洞窟

二〇〇九年八月末、日本では歴史的な政権交代が実現したその日、筆者は陝西省の標高一〇〇〇メートルの農村にいた。

泊まった宿泊施設は、その辺りでは最も有名なホテルで部屋も清潔だった。最高のクラスの部屋といっても、一泊料金は一〇〇元（約一三〇〇円）と安い。電波の状態が悪いせいか映像が乱れるテレビは、日本の政権交代について特番を組み、東京特派員が解説していた。中国がこんなにも日本の政権交代に興味があるのかと思いながら、その番組を見ていたが、翌日はここから山奥へ向かう予定だったので、早めに眠りに就いた。

狭い赤土の山道を車に揺られながら、やっとのことでヤオトン（窰洞）地帯に着いた。標高が高いので下界はほとんど見えない。見渡す限り山々が連なり、ところどころに土がむき出しになった段々畑が見える。

ヤオトンとは山の崖に掘った洞窟で、住居として利用されている。一つの穴の面積は六〜八畳。かまどを固定した台所や寝室は、別の穴に設ける場合もある。天井は比較的高く、夏は涼しく冬は暖かく感じる。陝西省、山西省、寧夏自治区、甘粛省など、中国の黄土高原に比較的多く分布している。

ヤオトンには構造上いくつかの種類があるが、典型的なのは山の断崖に向かって水平に穴を掘り、木製のドアで入口をふさぐタイプだ。このタイプは、内部は土の壁がむき出しで、一般的には窓はない。天井が崩れ落ちないように、直径一〇センチほどのつっかえ棒を天井にあてがっている。同じ形式でも、穴の内部に壁を塗り、天井から逆U字型に部屋を作る場合もある。こちらの方はいくらか部屋らしく見えるが、面積はやはりそれほど広くは作れない。

もう一つのタイプは、地面を四角形に深さ五メートルくらい露天掘りし、そこに四合院（中国の伝統家屋）を配置できるように、比較的広い面積の空間を作る。そしてその断面に横穴を掘り、住居を設ける。ヤオトン内部の構造は、先のタイプと同じである。

広大な山々を望む山道の端に立って眺めると、遠くの山腹にむき出しになった岩肌に小さな横穴があちこち点在するのが見える。それもヤオトンだ。辺りには山しかなく、「こんなところに人が住めるのか」と思ってしまう。さらに周囲を眺めると、狭い段々畑が確認できる。わずかなトウモロコシや麦を作って自給自足するための農地だ。

私たちは、ヤオトンが集まっているところまで歩いていき、そこの住人と話すことができた。訪ねた先のヤオトンは、山の断面を利用したタイプだ。一つのヤオトンはカマドで何か煮ているらしく煙が充満しており、その隣が住居用だった。住んでいるのは一人暮らしの老人で、一人息子はすでに町に出ていったという。

「自分はここで一生暮らすつもりだ」——老人は言う。

一〇アール前後の土地にトウモロコシと小麦、それにわずかの野菜を作っている。町に出るのは大変で、歩いて、いくつも山を越えなければならない。

「水はどうしているのか」と聞くと、入口の脇を指さし「ここにためている。雨水だ」と言いながら、地下に掘った穴のふたを開けた。見ると、一メートルほど下の暗い穴の底にたまったわずかな水が、外の明りを映して鏡のように光っていた。

中国農村の没落はじわりじわりと進行し、新型世界食料危機を広げる大きな原因の一つとなっている。

3　山岳洞窟の老農

私たちは、そこからさらにその奥地へと向かった。すべての山々が下に見え、そこが最も高いところであることがわかった。そこで再びいくつかの、今にも崩れそうなヤオトンが視界に入ってきた。数戸のヤオトンが山の同じ断面にある。

【写真 13】 ヤオトンで一人住む老人〔筆者撮影〕

そのうちの一つを私は明るい声で「ニイハオー」と言いながら覗いてみた。中は薄暗く、かまどや寝具、何に使ったものか不明の壊れた家具の残骸などが雑然と置かれている（【写真13】）。その真ん中で一人の老人が椅子に腰かけて、大きめのキセルでタバコを吸っていた。老人が目に入ったとき、正直言って驚きを禁じえなかった。目がぎょろりと光り、身につけている衣服は色褪せてつぎはぎだらけの人民服のようにも見える。

この老人は七五歳、家族はいない。キセルを持つ手に目をやると、指が五本とも内側に曲がってしまい開けない。いつも拳を握っているようにしか見えない。その理由を聞くと、老人は隠す様子もなく話してくれた。

「これは昔、鍬を使った農作業のしすぎ

で、指が元に戻らなくなったのだよ」と言う。実はこれは風土病、大骨節病（カシンベック病）であろう。老人は自然に指が曲がったので昔の重労働のせいだと思ったにちがいない。

ごつごつしたその手ははれぼったく見えたが、それは指や手のひらにできたタコだった。今では人との接触の機会がほとんどないこの老人の身に、もしも何か異変が起きたとき、面倒をみてくれる人がいるのだろうか。

唯一の救いは、村がこの老人に月一〇〇元を支給していることだ。現金があったところでここでは使い道はなかろうが、いつか役に立つ日がくるかもしれない。この村の村長は村人からの信望が篤く、私のような一見の外国人にも親切にしてくれる人だ。その村長の温情だけがかすかな望みかもしれない。

中国農村には、このような境遇の老人が多数存在し、年老いてなくとも農業では食べていけない農民が数え切れない。西安空港を飛び立って寧夏自治区の銀川空港までの一時間半のフライトの間、天気がよければ真下に、切り立った山脈を切り刻むような深い渓谷や断崖が見える。その山々の中腹や平坦な山頂に、おびただしいほどの数の農家を見ることができる。そのほとんどが、山々の中腹を等高線状に切り開いた狭い段々畑を唯一の生活手段とする山岳農民の家である。

激変する中国農業にとって、このような農民の貧困はどのように解決されるべきなのだろうか。あるいは、そのための有効な方法はあるのだろうか。残念ながら、私にはとてもその方法が思いつかない。

4　水社会の崩壊

中国の水の資源量は二兆四一六〇億立方メートル（二〇〇九年）だが、地域的な偏在が著しく、地下水や地表水を含めて揚子江より北方にはその一八％しかない。しかも、近年は南北ともに水不足と水質汚染が深刻化している（ちなみに、日本の水資源量は国土交通省の資料によると四一〇〇億立方メートル）。

水質汚染に連動して、土壌の重金属汚染や化学汚染も深刻で、多くの村で癌患者の多発や、カエルなど淡水に棲む水中動物の奇形の発生などが伝えられる。

水不足は降水量変化の影響もあるが、主な理由は生活用水と工業用水の需要の増加、灌漑施設の老朽化や不適切な管理、それに加えて水の非効率な使用方法にある。

水の消費量は二〇〇〇年、農業用水三七八四億立方メートル、工業用水一一三九億立方メートル、生活用水五三五億立方メートルだったが、二〇〇九年にはそれぞれ三七二三億立方メートル、一三九〇億立方メートル、七四八億立方メートルへと変化した。

減ったのは農業用水だけで、工業用水、生活用水はそれぞれ二二％、三〇・〇％も増えている。中国は人口が多いので、一人当たり消費量（農業・工業・生活用水合計）は四四八立方メートルに過ぎない。ちなみに日本は六五四立方メートルで、中国の一・五倍だ。

5　竜頭企業による水支配

なかでも近年問題になっているのは、土地だけでなく農業竜頭企業などにより水の支配が進んでいることで、井戸水（地下水）の支配、溜池の支配、行政との関係強化などによって、水を自らに有利なように取り込もうとしている。

「中国水法」という法律によると、中国国内にある水のすべては原則として国家の所有とされている。井戸を掘るにも、溜池を造るにも、政府の許可なしにはできない仕組みだ。

ところが農業竜頭企業は、行政や地方の党指導者との密接な関係をたくみに利用し、限られた貴重な水資源を我田引水する。たとえば年々低下する地下水を汲み上げることは原則的に禁止されているにもかかわらず、農民から集めた農地を大規模に区画整理して使いやすくするために配水パイプを張り巡らし、至るところに掘った深い井戸から給水する。この行為に対して、行政はすんなりと許可を与えてしまう。

農民が農業用水を必要とする時期は、河川からの灌漑水や溜池の水が不足する夏場や冬場だ。冬場ではとくにビニールハウスの水が不足する。だがこの時期、水が必要なのは農業竜頭企業も同じことだ。そして水の奪い合いが起こる。

中国にも、農業用水や生活用水を分け合って使う古くからの水利慣行制度があるが、企業によってはこの慣行を、勝手に自分たちに都合がいいように捻じ曲げることさえある。農民の立場は弱く、

【写真14】 進む砂漠化（2010.7 青海省）〔筆者撮影〕

農地の一部を企業の契約栽培にしていると歯向かうこともできない。水をめぐる争いは日増しに深刻化している。

四川省の都江堰は水流が変わるほど地震の被害を受け、往時のおもかげは消えたが世界最古の堰だ。現地を見たとき、中国人の治水に関する歴史の長さと往事の技術水準の高さに目を奪われた。中国は水社会といってもいいほど、水と人間が長い間、対立と共存を繰り返してきた国だ。その水社会が、水の不足と汚染という事態に遭遇し、今その関係の見直しを迫られている。

農業用水の節水を行政が音頭をとって呼びかけるため、各地で農業用水協会ができている。その最大の狙いは、水を工業開発に回すことだ。そのために、農業用水の価格管理を厳格化しつつあるのだが、年間一〇アール当たり六五～七〇元（約八五〇

【写真 15】 山岳の溜池（人糞が混ざる）〔筆者撮影〕

～九〇〇円）の負担が、農民の肩に重くのしかかっている。

用水協会が農民から集めた料金は、県の水務庁に還流し、新しい灌漑施設の建設や老朽化した設備の補修などの費用に充てられる。そうして新たに得られた水は、農業竜頭企業が農作物の生産や加工を行うために供給されていく。

水質汚染も、農業竜頭企業の農作物の栽培や加工と無縁ではない。農民の生活排水や屋外トイレ、人糞肥料の利用、農薬や化学肥料などによる汚染も大きいが、企業の場合、さらにこれにいくつかの汚染源が加わる。

その最大のものは、農作物の加工過程で出る排水だ。

食品加工場の現場を見ると、水を使う作業工程の何と多いことか。農畜産物や水産物の洗浄、殺菌処理、熱処理、動物解体処理、加工機器類の洗浄、ビン類の洗浄、加工作業員の作業着・作業靴の殺菌洗浄などに大量の水を使い、使った水はすべて外部に流す。このように食品加工で使った水は、決まった方法で処理されてから排水されるが、処理された水といえども完全ではない。

さらに問題なのは、スーパーマーケットなど店舗内で食品加工のために使った水の大半が、そのまま排水溝に流されることである。鶏やアヒル、水産物は客の眼の前で包丁で解体されることが多いが、その血液が混ざった水は、そのまま戸外の溝へ流れていく。その溝は中小河川につながり、湖沼や海へと流れていく。その一部が、地下水の汚染につながったともいわれている。

水不足と水汚染、この両者はマイナスのスパイラルを描きながら、中国の水社会を崩壊に導く決定的な要因になろうとしている。

6　農村にはびこるヤミ金融

企業による農業支配が進む中国で、農民や庶民にとって最大の問題は金融問題だ。

中国の銀行の窓口にいくと、私などは両替する金額といえばせいぜい三万円がいいところで、渡された一〇〇元札二〇枚ほどしか入っていない自分のサイフのいかに薄いことかと思いつつ、横では分厚く束ねた一〇〇元札を預け入れる女性や若者の姿を見かけることがある。しかし、それはすべての市民に当てはまることではない。農村では事情はかなり違ってくる。

そもそも農村には、経済的規模の小さな農民を主な顧客とする金融機関がないので、資金流通を仲介したり、農民の生活資金や子どもの教育資金を融資したりといった金融業務を行う手段が限られている。農民の多くはそういった資金が必要になると、親戚や知り合い、中には高利貸しなどから融通してもらうことが多く、金融機関からの借入は少ない。

金融機関がないところでは不正規金融、つまり地下銀行や無許可の金融業者がはびこる。その理由は、政府の農村金融政策の貧弱さにある。

7　農村信用社の崩壊

現在、中国の農村を守備範囲とする金融機関には、農村合作銀行、農業商業銀行、郵貯銀行、農村信用社などがあるが、このうち最も農村金融機関らしいものが農村信用社である。信用社は農村と都市にあるが、農村信用社は、表向きは主に農民を対象とする地域金融機関である。

農村信用社には省や県単位で連合会があり、日本の農協信用事業系統や信用金庫の都道府県単位の組織に似た構造になっている。

農村部にいくと、必ずといっていいほど安普請のビルに「○○農村信用社」という看板がかかっている。農村信用社の主な役割は、農民に対する生活・営農資金供給と預金業務である。しかし農民に資金を貸すことはまれで、農民にとっては、一種の貯蓄金融機関に過ぎない。農民は担保負担能力が乏しいことを理由に、貸付拒絶や貸し渋りが横行している。

実際に農民にはほとんど貸付しないが、複数の農民が相互に連帯保証人になる場合、仕方なく貸付に応じている例もある。連帯保証人は普通保証人と異なり、催告の抗弁権[1]や検索の抗弁権[2]がない点は同じで、もし一人でも債務不履行になれば、ほぼ全員が将棋倒しのように連鎖破産する恐れがある。だが不動産担保能力をもたない中国農民が金融機関から借入するとなると、こうした危険を覚悟で借りるしかない。といっても、その金額はせいぜい数万元（数一〇万円）でしかなく、十分な借入ができるわけではない。

（1）催告の抗弁権――債権者が保証人に返済を迫ったとき、「先に主債務者に言ってくれ」と要求できる権利。

（2）検索の抗弁権――債権者が保証人の財産に差押えなどの強制執行してきたとき、債務者にはまだ返済する財産があり、執行ができることを証明して、「先に主債務者の財産を強制執行せよ」と要求できる権利。

農村信用社の多くは、県の下の行政単位である鎮や郷にも支店や出張所をおいている。小さな支店では職員が一〇人前後で、主に預金業務を中心とする業務を担当している。

陝西省のある農村信用社の支店の分社（職員三人）で聞いたところ、農民の資金需要の中身は、種子や肥料の購入代金、その他農業のための資金（養殖や養豚資金）、生活資金が主なものだそうだ。貯金金利は年二・五％、貸付金利は一〇・〇五％、利ざやは七・五五％にもなる。

貸付に当たっては、借入農民の返済能力に応じ通常最大で一万元（約一三万円）までは無担保、それを超えると連帯保証人をとるという。調査時点では二三人の農民に貸していたが、多くは延滞

【写真 16】 農村信用社の出張所窓口〔筆者撮影〕

していることでは、なかには情実貸付があることをうかがわせる。一万元までは無担保というのは事実上、貸付限度額を一万元としていることと同じだ。もともと農民には担保はないからだ。

最近は日本のＪＡが運営する農協保証センターのように保証機関が設立され、担保力の乏しい農民の資金需要にも応えられるようになったという。だが、実際にそれを使って貸付をした例はないという話だった。

家を新築すると、最低で一〇万元、子どもを大学にやると卒業まで四万元はかかる時代だ。農村信用社は、農村の隅々にまで店舗網を張りめぐらしているが、農民に対してはあまり貢献していないといえそうだ。

しかも、問題を多く抱えている農村信用社が少なくないといわれている。とくに不良債権問題が、最近社会的な広がりをみせている。地域によって差はあるものの、中国の金融関係政府資料によると不良債権比率は中国全土で六〜七%となっている。

農村信用社はもともと不良債権が発生し、滞留しやすい内部体質を持っている。その理由は、資金の借り手が、地方の私営企業や地方の役人の息がかかった企業や個人事業者であり、彼らに対する、資金の無担保貸付が蔓延しているからだ。彼らには貸付審査や担保審査はほとんどなく、希望金額どおりの貸付が行われる。農村信用社側にも債権の管理回収意識は希薄で、仮に約定どおりの返済がなくても、何らかの対応策をとるわけでもない。

このことは農村信用社だけではなく、中国金融機関の大手から中小まで、ほぼ共通した体質といってもいい。山西省のある農村部で政府役人に連れられて飲みにいくと、日本の警察に当たる公安の地位の高い人物が、あやしげなバーやカラオケ店を営業していた。これらのサービス業の開店資金や設備資金、ちょっとした資金難に際して、その地方の農村信用社が大いに貢献をしているのだと彼は語った。

8　農民には貸さない銀行

その一方で、農民にとって公式の金融機関はほぼ無縁の存在である。農民にとって、金融機関とはお金を預けるところであって、お金を借りるところではない。このような現状を変えることが、中国政府の取り組んでいる金融改革の中身に含まれるべきだが、農民には担保がないので一向に金融改革の恩恵はめぐってこない。

つまり、中国農民がなけなしの財布の中身から、主に将来の不安に備えて行う預金は、金融機関を通じて都市の資金需要者や農村の一部の商売人のために流れていくが、預金する余裕のない同じ境遇におかれた農民が必要とするお金を貸すことはできないのだ。金融機能とは、一面で資金の社会的な循環をサポートするが、農民の間ではそれが著しく制限されているか、まったく機能していない。

農民と都市住民との所得格差は、実際に拡大する傾向にある。かといって、すべての農民が絶対的に窮乏化しているわけではなく、預金する余裕すらない農民が大部分というわけでもない。各種調査や統計を見ても、確実に農民の絶対的所得水準は向上しているし、預金できる層が増えていることも事実である。それが、農村の金融機関における貯貸率（預金残高に対する貸出金の割合）の低下を招いている原因の一つとも言える。

預金が増えることには、さまざまな背景や個人的理由がある。一つは、社会保障制度に対する不信や、将来的にも所得確保ができるのかどうかという漠漠とした不安に対する生活防衛本能の表れとしての預金である。

もう一つは、子どもに高等教育を受けさせたいという親心によって生みだされた預金である。決して生活に余裕があって預金するわけではない。生活費を切り詰め、贅沢を慎むことを習慣とすることでなんとか捻出した末の預金だ。裕福になった一部の都市住民や先進国の農民とは大きな違いがある。統計的にも農民の預金が増加していることが確認できるが、それは農民の豊かさを示す指標とはなりえていない。

9　農地使用権を担保に

中国の法律では、農地使用権は担保に入れることができる。使用権は農民に与えられた借地である農地の耕作権であり、民法上の性格は物権あるいは債権に相当する。

そこで農民の中には、金融制度の未発達を背景に、貸し手の制約もあって、農地使用権を担保にお金を借りる例が数多い。

この辺の事情を、陝西省の西安郊外の農村のある農民に聞いたことがある。彼は主にトウモロコシと小麦を栽培している。夏作にトウモロコシ、その後に小麦を植え、春に収穫する。耕地面積は三三アールだ。彼は、老朽化した住宅を改築することにし、その資金を村の援助と自己資金で賄うことにした。

中国では、農民がそれまで住んできた家は、農民個人の所有物かどうかはっきりしないことがある。村が提供してくれたという考え方もあるからだ。その家に住む農民自身に聞くと、自分の家だと答えるが、自身の所有物かと確かめると、曖昧なことが少なくない。宅地が農民自身のものでないことは確実で、集団経済所有の農地以外の土地は、すべて国家の所有物だ。しかし、そこに建つ上ものがどうかは判然としない。

革命以前から自分の家に住んでいた農民でも、元は地主からの借家だった農民も多く、革命後、大家が政府に代わった場合もある。また、住む家を農地と一緒に村などから提供された農民もあり、彼らは借家住まいということになる。この辺の事情は複雑で、地域や個々の家により異なっている。

「失礼なことを聞くことを許して下さい。この家はあなたの所有する家ですか」

「自分の家だと思って住んできた。正式な登記はしたことはない」

「建て直すということですが、予算はいくらくらいを見込んでいますか」

「おおまかだが一〇万元だ」

「いい家ができるでしょうね。そのための資金は全部あなたが負担するのですか」

「いや、村からの補助も期待している。自分の負担は五万元くらいのつもりだ」

「自己資金には人からの借入れもありますか」

「ある。三万元（約三九万円）は借りないといけない」

「失礼ですが、どこから借りるのですか。借りる場合、担保はいらないのですか」

「あるところから借りるつもりだ。担保は自分の農地全部だ」

「あなたがお金を借りるつもりの相手は、どんなところか教えてくれませんか」

「それは言えない」

この農民が住宅新築資金として借りる相手は、知ることができなかったが、それは無理からぬことだ。筆者は、その農民にとってはどこの馬の骨かわからぬ他人で、おまけに、外国人だ。

この農民は農地を担保にして三万元を借りようとしている。資金の使途はともかく、こうした農民に多数出会った。予定通りに返せれば問題はないが、もし延滞すれば、担保に提供した農地使用権は人手に渡る。実際、不幸にして人手に渡ってしまった農地使用権は決して珍しくはない。

農地使用権を失った農民はどうなるのか。答えは簡単だ。農業をやめるか、自分の農地使用権を手にした者の雇われの身となって、働かせてもらうしかない。場合によっては、改築した家まで人手に渡ってしまうかもしれない。

この例のように、農民が農地使用権を手離す原因の一つは、借金のカタを農地使用権にしたことにある。すでに述べたように、農地は農民が所有する資産ではないので、担保に入れることは、本来はできない。しかし、農地使用権そのものは資産なので、お金の貸し手が納得すれば、それを担保に出すことができる。制度的にも、農民が持っている農地使用権は他人（農民または企業など）に譲渡できる資産とみなすことができる。

この場合、お金の貸し手は農村信用社などの金融機関とは限らず、町の金融業者や高利貸しであることが多い。

10　村に、お金はない

農民同士が連帯保証人になる場合も多い。たとえば村単位で、稲作から畑作に転作するために農地の整備をするような場合、大規模な資金が必要となる。それには農民の個人的な負担を伴うこともある。寧夏回族自治区のある村を訪れたとき、就任したばかりの村長は、自己資金を負担できない農民の場合、相互に連帯保証をしあって農村信用社からお金を借りるのだと言っていた。

この村の農家数は五二四戸、人口二〇六一人、耕地面積は約二七〇ヘクタールあり、耕地の大部分は水田である。水田のほかトウモロコシと小麦が換金作物として、わずかに栽培され始めた。コメは値段が安く、農民の収入を上げるには限界があると思った前村長は、二〇〇七年、将来の農業を考える委員会を立ち上げ、この地域でできる新しい農作物がないか真剣な検討を始めた。村の要人が揃って議論をした結果、冬でも農産物栽培ができるビニールハウスを作ろうということになった。これに村びと全員が賛同した。

村の全耕地面積の四〇%に当たる一一〇ヘクタールを転換し、ビニールハウス五七〇棟を建設することにした。計画が終了するまで二年かかる。

一一〇ヘクタールのうち六七ヘクタールには、商品作物として大きな利益が期待できる螺絲菜《ちょろぎ》(ホラ貝形をした長さ二~三センチの根菜類)を植える予定だという。収穫は夜に行い、それを経紀人(ブローカー)に現金で売り渡す。螺絲菜のほかには、ナス、ジャガイモ、トマト。また乳用牛の飼養(八〇頭)も行う予定で、そのためには飼料用として、トウモロコシ(三ヘクタール)を植える計画だ。生産した牛乳は一リットル一・五元(約二〇円)で、近くの牛乳集荷所へ販売する。

さらにリンゴ栽培にも手を広げようというのだから、あまりにも急激な営農拡大は危険ではないかと心配になる。面積は七ヘクタールと小さいものの、中国でリンゴ消費は、すでに飽和状態で価格もよくない。この点は村長も承知しており、栽培規模を縮小する腹づもりだが、果樹園というのは野菜と違い、一度植えたら頻繁に規模を変更できるものではないので、思案のしどころだ。

この一帯は、冬になると強風と極度の低温に見舞われるため、丈夫なビニールハウスを作る必要がある。そのためこの地域のビニールハウスは、日本とは形が違う。北側は暴風から守るため、高さ二～三メートル、厚さ一メートルほどの土壁を作り、外側から逆U字形を縦半分に割った形のパイプを一定間隔で何本も立て、その上に厚手の白いビニールをかける。このように強風からビニールハウス自体と農産物を守るため、丈夫な土壁が不可欠だ。

この村では、水田だった農地をハウス用地にするため、盛り土あるいは客土し、そのあとに整地した。この段階で肥料効果のよい土を混ぜることが大事だが、工事現場に足を踏み入れて整地の済んだハウスの土を手にとって感触をみると、アスファルトかコンクリートを打つ寸前に顔を出している道路の土とほとんど変わらぬものであった。

訪問したのが五月だったので、そこにはすでにトマトの苗が植えてあった。移植して一週間くらい経っているようだったが、熱い太陽に照らされてあまり元気がない。その苗の根の周り、直径二〇センチほどが水を撒いたように湿っている。傍らで農作業をしている農民に聞くと、「チャーフェイだ」という。チャーフェイとは中国語で「家肥」と書き、人糞肥料や堆肥のことだ。

「人糞肥料はいまでもよく使うのですか」

「日常的な肥料だ。よく効く」

「なぜ、人糞肥料を使うのですか」

「肥料として効果があり、安いからだ。村ではこれを伝統的に使っている」

「化学肥料は使わないのですか?」

「使うが、お金がかかる」

11　農村を蝕む連帯保証

この村で一番大きな問題は、ビニールハウス建設のための資金調達だ。五二四戸の農家が参加する、村にとっては歴史を変える大規模なプロジェクトだが、先立つものが十分に揃わない。

農家間の経済水準に差があるため、村は統一的な資金計画を立てることができないという難問に直面した。農民九二四人のうち八〇人が、銀川に出てタクシーやトラックの運転手などをして、村全体で二〇〇七年には三〇〇〇万元（約四〇〇〇万円）稼ぎ出した。八〇人なので、一人当たり三万七五〇〇元（約五〇万円）を村に持ち帰ったことになる。

もちろん、このお金は農民個人の財布に入るが、村のプロジェクトを推進する上で大きな貢献をした。村には工場などの働き場所はない。以前レンガ工場が一軒あったというが、今はない。

村自体の収入は県からの補助金に限られているので、自己資金はほとんどない。そこで、農民負担となるが、その金額は一戸当たり五〇〇〇元（約六万五〇〇〇円）。金額的には高くはないが、平均年収が四五〇〇元（二〇〇八年）に過ぎないので、自己負担は農民にとっては決して小さい額ではない。しかも一戸当たり五〇〇〇元というのは、ハウスの建設費として、県から一二〇万元の補助金が出ることを当てにしたもので、県の補助金が出なかったり、減額されたりするようだと、農民の負担はとても五〇〇〇元では収まらない。

農民にとってさらに大きな問題は、担保負担能力がないことから生じる危険である。農民が不動産を私有財産として所有することは制度上不可能だ。中国の土地制度に基づく金融制度上の深刻な問題である。金融機関はリスクの高い与信は避けるから、農民のようにこれといった私有財産を持たない借り受け者は、必要な資金調達ができない。

金融機関が、貸出債権の安全・確実な管理・回収を行い、業務収益の確保を確実にするため担保をとるのは各国共通である。イスラム圏では、金利は悪であるから徴収しないか減額するが、それ以外の国では、担保と金利をきちんと取ることが金融機関の大原則だ。この村では、借入先金融機関を農村信用社とし、担保は借り受け農家三人ずつを単位に、相互の連帯保証人となることで、資金調達を実現した。

連帯保証人は、金融機関にとっては厳格な債権保全ができる有効なやり方であり、連帯保証人相互が監視しあうので、債権回収もスムーズに行くという。一方、相互に連帯保証人になった三人は、一人の返済が滞ると、自分の債務に加えてその人の債務についても、返済責任を負わなければならなくなる。連帯保証は日本と同じで、債権者である金融機関から債務弁済の請求があれば、保証人は即刻、保証債務全額を弁済しなければならない。ところが農民のほとんどは、連帯保証人のこうした恐さをほとんど知らない。

ある農民に聞いた――「連帯保証人の法律的な意味と連帯保証人の義務を知っていますか」

「保証人のことは知っている」

「連帯保証人についてはどうですか」

「知っている。保証人のことだ。村が探してくれる」

この村の資金調達では、三人相互で連帯保証人になるという方式を、少数の農民だけが行ったのではなく、ほぼ全員がこの方式で資金を借りることになった。だから事実上、村びと全員が、金融法務用語でいう「合い保証」（互いに保証人になることで、形式的には保証が成立するが、実質的には共倒れの危険性がある保証方式）をしていることになる。

これを主導しているのが村民委員会ということだが、場合によってはこの村全体が返済不可能な借金漬けに陥る恐れもないではない。中国の各地の農村では、こうした危うい資金繰りが上層部の指導のもとで行われている。

12　高利貸しは中国農民の金庫

中国農民が借金をするのは生易しいことではなく、多くは友人・親戚から借りるが、高利貸しに頼ってしまうことも多い。物的な担保を負担する能力がないことが問題なのだが、高利貸しは、私有財産のない、つまり担保物件のない農民から、どのように貸し金の回収をしているのだろうか。

現代の中国では、年利二〇％を超えるものを高利貸しと定義している。高利貸しを大耳窿《だいじろう》という場合もある。年利二〇％を超える場合を高利貸しというと穏当な感じがする。

ところが中国には、「九出十三帰」という表現がある（【図8】）。これは宋の時代に生まれ、中国の庶民や商人を長い間苦しめてきた高利貸しの金利の高さを象徴的に表す言葉だ。共産党政権が生まれてから、政府はこれを禁止した。だが、社会主義であろうと、貨幣社会が続くかぎり高利貸し

【図8】　九出三帰の仕組み（借入期間１ヵ月）

借入元本	１０００元	
借入時入手現金	９００元	
一ケ月後返済額	１３００元	
うち元本部分	１０００元	（実際の元本９００元）
利息	３００元	（同４００元）

金利は一ヵ月３０％。12ケ月で３６０％。元本の3.6倍。

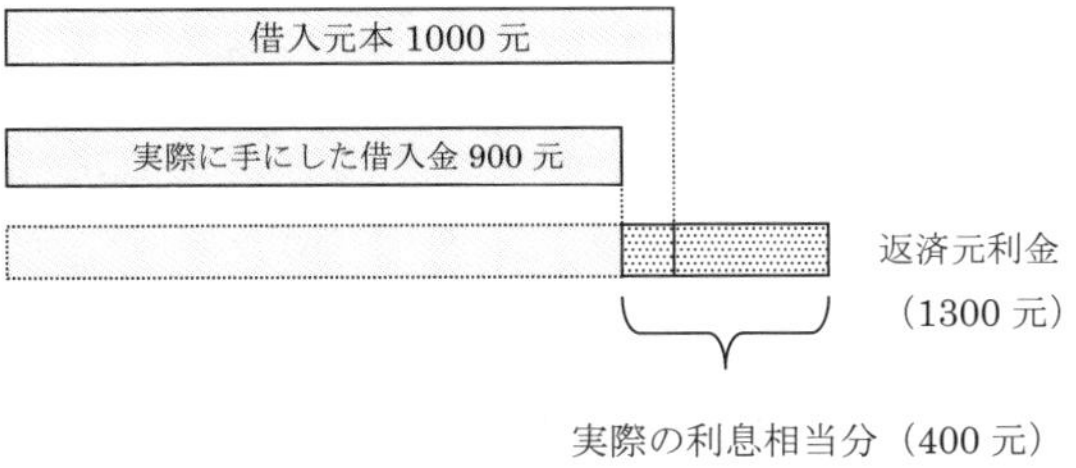

が消えてなくなることはなかった。

「九出十三帰」の言葉の由来は次のようだ。

たとえば、ある農民が一〇〇〇元の借金を申し込んだとする。高利貸しはいろいろ思案したあげく、「今回だけだぞ」といかにも恩着せがましく借金の承諾をする。それは高利しであることを正当化し、自分に対して抱くかもしれない借り手のうらみを和らげる高利貸しの常套手段だ。それに気づかず、農民は「助かった」とほっとしてしまい、貸し手が高利貸しだということを忘れてしまう。馴れた借り手の場合は、高利貸しの常套手段を前に、手もみをしながらも、心中では「この欲張りが……」と恨みながら現金の前に首を垂れるのだ。

　ところが、一〇〇〇元を借りたはずの農民は、現金で九〇〇元を渡されるだけで、一ヵ月後には一三〇〇元を返さなければならない。農民は九〇〇元を借りただけなのに、利息計算の対象になる元金は一〇〇〇元だ。もし返済が二ヵ月、三ヵ月と延びたらどうなるか。まったく悲惨という以外にない結末が待っている。

世界で最も古い統一通貨の歴史がある中国は、それだけ貨幣経済の歴史が長い。同時に、その歴史は高利貸しの歴史でもあった。中国人の高利貸しの歴史は古代から続き、千年以上の歴史ある日常的な存在だった。

現在でも、その実態は相変わらず酷いようだ。上海のある中小企業の社長が金策に困り、一五万元を借りたところ、二年で元利合計一二・三倍にものぼる一八五万元を請求されたという事件があった。これは年金利をパーセンテージで示すようなレベルではなく、一年につき何倍、と言った方がしっくりくるくらいの額だ。

このような暴利は決して珍しいことではない。「驢打滾（中国語読みではルダクン）」とは、現在の中国でも話題になる用語で、〝雪だるま式に増える高金利〟のことだ。つまり、高金利の複利計算を意味する。たとえば中国では、「三分利」というと月三％、すなわち年利三六％の高利を指す。仮に一〇〇元借りたとして元本と利息の計算をすると、一年後の元利計は一三六元、二年後には利息部分が元金に加わり一八四・九六元となる。

むろん、農民が高利貸しから借りる額は、金額的にはそれほど大金ではない。借りる期間は半年から一年が普通だ。利息が高く、それ以上の期間を借りるとなると、返済はほとんど不可能になるからだ。農産物は半年か一年単位で収穫されるので、これより長い貸付は、金融業者にとっても回収困難になる。

革命後の政府は、民間貸金の金利の上限を民間銀行の五倍までに制限し、五倍を超える金利は返済義務がないとされた。しかし借りる側はそれを承知で借りるので、結局、返済を拒否することはできなかった。

現在の中国では貸金の複利計算は公的には禁止され、民間の貸金金利の上限も同じように制限されているが、旧弊はたくましく生き延びている。高利貸しによる被害はいまなお社会問題であり、この点は日本社会とまったく変わるところがない。

社会主義政権成立後、なくなったかに見えた高利貸しは、社会の害悪として実在し、庶民を苦しめている。合法的な風を装い、社会の各階層の奥深く忍び込み、暴利を貪っている。もちろん「高利貸し」と自ら名乗る業者はいない。彼らはみな「担保会社」「投資相談会社」といった、もっともらしい社名を掲げている。

ある地方での調査では、借入のある農家の五〇～六〇％が非正規金融、つまり政府の許可のない金融業者から融資を受けていた。このような非正規の業者による融資残高は、八〇〇〇億～一兆四〇〇〇億元（約一〇兆四〇〇〇億～一八兆二〇〇〇億円）に達しているという試算もある。

13　高利貸しは必要悪

農民が高利貸しを利用する理由は、家庭の事情によってさまざまだ。生活費、病気の治療費、子どもの進学や結婚資金、住宅の新築や改築資金、肥料・農薬等生産資材の購入費、天災等の被害復旧費、借金返済のための借金など、多岐にわたる。

多くの農民が病気治療のため借金をするのは、中国の農村医療制度の立ち遅れと関係がある。新型合作農村医療制度が始まり、それまで都市住民との間にあった医療格差がいくらか縮小した。とはいえ、年間数百元と安いが保険料の負担や、地方自治体の保険料負担などが障害となって、問題も多い。高い治療費をカバーできていないことや、そもそも農村には手術ができる病院自体がない。しかし、これに代わる医療保険制度は今のところない。病院にいけば一〇〇元単位、手術なら数千元の治療費がかかる。大病でもしたら、治療費のためにあっという間に莫大な借金ができる。家庭に余裕がなく、しかも借金ができないとなれば、買薬で我慢するしかない。そこに高利貸しが救いの神のように登場する。

近年は、農村でも進学率が向上して、子どもの高学歴化が急速に進んでいる。子どもを農村から出して、せめて人並みの暮らしを、と願う親心が根底にある。故郷を離れて都会の大学に通わせると、最低でも年間一三万円はかかる。農民一人当たりの所得が年間六万円、夫婦合わせても一二万円に過ぎない所得水準で、年間十三万円を仕送りするのは、大きな負担であることは間違いない。進路が理科系や芸術系なら、学費はさらに増える。

また、中国人にとって子どもの結婚式は、人生の最大の出来事だ。きれいに着飾った花嫁・花婿は、映画スター並みにプロのカメラマンに頼んで写真を撮り、豪華な表紙付きの記念写真帳を作る。披露宴の会場となる村一番のホテルか宴会場に専用大型乗用車で乗り付け、近所の人たちだけでなく、村長など村の要人も招待し、飲めや歌えの大騒ぎを行う。そうした光景は至るところで目にする。結婚式は少子化の進展とともに、年々華やかさを増し、面子をかけた村びとの競争舞台となっている。

農村にも住宅ブームが押し寄せ、無理をしてでもマイホームを改築したり新築したりする農民が増えている。中国の住宅では、新築物件の工事は二段階に分けて行われる。

第一段階では、部屋の内装や台所、風呂場の工事が終わっていない。電気設備の配線がむき出しだったり、壁はむき出しのコンクリートブロックのままだったりで、この段階ではまだ住めない。中国で家を建てる、とは通例はこの段階までのことをさす。

部屋の内装などは第二段階の工事で、使用しない部分は工事せずにそのままの状態にしておく。農家は大きな家を建てることが多いが、多くの部屋が工事の終わらないままで、トウモロコシや大豆の倉庫代わりになっていることも多い。資金面に余裕がなくなって、途中で内装工事をやめてしまったためだ。

肥料、農薬、ビニールその他農業を営むための資材は、近年値上がりが激しい。いずれも石油を原料とするが、一九九三年に石油純輸入国に転落し、原油の国際相場の上昇がこれらの資材価格も押し上げている。政府は、国内石油メーカーに価格据え置きを指示してきたが、長くは続かない。そのうえ、近代的な農業技術の広がりとともに、各種資材への依存度が高まり、農業生産コストが上昇している。

昨今、農産物価格が上昇する一方で、コストも上昇して赤字経営となり、それが中国農民を圧迫している。こうした状況で、日本のような農業金融制度がない中国では、高利貸しに依存する農民が増えてもやむをえない。

国土の広い中国では、毎年数えきれないほどの災害が起こる。その直接の被害者は、多くは農民である。中国には、日本の農業共済制度や激甚災害法のように、自然災害によって被った農民の経済的被害を救済する手立てはない。洪水や干害で被った農作物の減収は、すべて農民自身の責任となる。

中国の農地は、長い間の手入れ不足のためもあって荒廃がひどく、耕地が雨で流出したり、灌漑設備が崩壊したり、ビニールハウスが飛ばされたりといった被害が日常的に起こっている。下がる一方の農業所得で家計をやりくりするのは至難の技なのに、ひとたび水田が冠水すれば、その年の収穫は半減するか全滅する。

借金の原因はこれだけではない。こうしてできた借金を返すための借金が、また新たに生まれる。一度できた借金は容易に消えない。債務の固定化が生じる。

農家の経営面積規模の小さい中国農民の場合、高利の借金を返すのは非常に難しい。返済の財源を農業収入から捻出することはほとんど不可能なので、自分や家族が村の外に「打工（出稼ぎ）」に行って、現金収入の道を探る以外ない。だが、それにはすでに別の支出目的が決まっていることが多く、借金返済に回す余裕は乏しい。

多くはそうこうしているうちに借金がさらに膨れ上がり、借りた元本の数倍になった借金の金利の一部を払うために、別の高利貸しから新たに借りることになってしまい、負のスパイラルに陥る。

14　はびこる高利貸し

高利貸しは、「黒金融」「地下銭庄」「非正規金融」などさまざまな名称で呼ばれる。もちろん、借り手は農民だけでなく、都市の零細商工業者を始めとする一般庶民の中にもいる。日本や諸外国にあるような公認の質屋がないこと、中小零細業者向けの金融機関が存在しないことなども背景として挙げられる。

中国農村の大きな問題の一つは、農民のための金融組織や公的な制度金融がないことである。制度金融とは、農民のような資金力の乏しい借り手にも、公的な利子補給や金利補助、返済期間の長期化、返済猶予期間の設定、担保負担の軽減などが付帯している融資制度である。

戦前の日本も現在の中国と同様、制度金融はほとんどなかった。大きな地主が副業で営む高利貸しは、農民の病気や縁談などのための金策に貢献したが、一方で担保と金利負担に耐えかね、農民がなけなしの農地を手離す原因ともなった。昔の地主には、小作料以外のこうした副収入で資産を増やしていった者が少なくない。これも、村に農民の負担能力に合った金融組織が存在しなかったからである。そして、今の中国でこれと似たことが起きている。

政府が責任を持って農民のための制度金融を作るには、いくつかの条件が必要である。最低でも郷または鎮に、その受け皿となる金融機関を設置しなければならない。そこに貸付審査と債権の管理のできる事務能力が備わった人材を配置することである。また借り手側も、債務返済の意識と借りた資金の適切な使い方を理解しなければならない。返済できなかったとき、不良債権を最小限にとどめる機能が存在することも不可欠である。

中国にも、名目だけなら現在でも制度金融はあるが、不十分なものでしかない。右に挙げた諸条件を揃えると同時に、日本の指導金融のように、貸した資金の効果的な使い方や返済方法などを教える要員の確保も不可欠だろう。

二〇〇三年、中国政府は「深化農村信用社改革試点方案」を公布し、農村信用社の改革に乗り出した。二〇〇九年末では、全国の農村信用社の数は約二万社にのぼり、総資産二七兆元（約三五一兆円）、そして四三一一億元（約五兆六〇四三億円）の利益をあげた。しかし現在、信用社の組織形態と所有制の改革を進め、信用社を農村合作銀行、農村商業銀行に組織替えし、合併して区域を最小でも県レベルに一行にする方向で統合が進んでいる。また所有制の改革を進め、株式会社制に変更する方針を打ち出している。

株式会社制に変更すると、一般投資家は他の投資先である株式会社と同等以上の配当やキャピタルゲインを期待するので、信用社は収益性の低い、貸付リスクの高い農民をますます相手にしなくなるだろう。信用社は、農民にとってますます縁遠くなるばかりで、これでは農村にはびこる高利貸しから農民を守ることなどできないし、さらに農民は危険にさらされていくことになるだろう。

15　中国人の痛みと食

中国が全世界を対象に進めるＦＴＡの締結や企業の農地支配のあおりを受けて、農業を辞めざるをえなくなった中国農民はどこへ向かうのだろうか。台湾の馬英九・国民党政権が進める中台経済協力枠組み協定（ＥＣＦＡ）も中国農民にとっての影響は大きい。

一部の農民はどうなっても構わないと思わせるような、強気の国家戦略を推し進める中国だが、その結果に対するセーフティネットはないも同然である。

発展著しい沿海部の工場、あるいは地方都市の中小規模の工場に、職を失った大量の農民を「受け皿」として雇い入れる余裕はあるのだろうか。賃金の高騰という現象も一部産業や地域に見られるが、農民工が安心して働ける職場環境や待遇を改善すれば、この問題は解消される。農民工は定着しないだけのことで、労働力が足らないわけでなく、定着率が低いのは企業自身や戸籍制度の問題だ。

また、元農民や農民工（出稼ぎ農民）が都市部に移動することで、都市が膨張し、社会的混乱や機能不全を起こすという見方もある。農業から離れた農民の戸籍や生活基盤はどうなるのだろうか。

さらに近年、中国全土で多発する工場労働者のストライキの多発は、農民たちにとっても大きな画期となろう。都市部の工場で働く多くの労働者は、農民工あるいは農民工の子弟（第二世代の農民工）だ。彼らは、農民から半農民・半工場労働者という身分を経て、最後に非農民労働者となっていく。二億人にのぼる彼らは、今のところ不安定な地位と低い所得に甘んじている。だから、こうした農民の脱農に始まり完全に都市住民に移っていくプロセスは単純には進まないだろう。

中国と日本の農業は、制度も実際の状況も異なるが、深刻な課題を背負いながら、明確な改革の方策を打ち出せない政府の下にある点で共通している。いいかえれば、近代化の前に国際化が先に来てしまった農業という点で両国は共通している。そのなかで、一方は農民を過保護に、一方は農民を放置するという対極の政策をとり、そのツケを食料の消費者に回すという点で、みごとなまでに一致している。

社会保障、農業経営の近代化、農民教育制度、食料価格制度、農産物流通制度、安全な農業技術の普及、農業振興を支援するための農業金融制度等々の対策が遅れ、農民を放置してきた中国は、今後次の三つの農業改革に同時に取り組まなければなるまい。

①農地解放——農地の私有化による農業経営の近代化。

②農業経営の二分化の推進とそのバランスのとり方——自作大規模農業の育成と企業型農業の支配をどうバランスさせるか。

③過剰な農民労働力の他産業へのソフトな移動。

いずれも、痛みなしには実現不可能なことは明白だ。とくに農地制度の変更にはイデオロギーや体制論もからんで、複雑な議論が起こることが予想される。

新型世界食料危機の時代において、低炭素型農業への転換の必要性、耕地の急速な減少や気候変動、頻発する人災と自然災害などへの対応を考えると、この三つが中国にとって、いかに大事なことかは明白だ。そうなれば一気にやり遂げることができる可能性もある。もちろん、短期間では困難で、最低数一〇年は必要だが、すでに改革のための基礎はできているので、意外とスムーズに実現できるのではないかとの意見もある。

第Ⅴ章　新型世界食料危機と日本——埋もれる日本の食

1　見殺しにされた新規就農者

日本では昨今、なぜか農業がブームだ。テレビで、雑誌で、インターネットで、「田舎暮らし」へのあこがれをくすぐるように都会に住む人々を惹きつけようとしている感がある。緑豊かで美しい農村の風景、眺めているだけで心が癒されそうな雰囲気の中で、悠々自適に畑仕事に勤しむ農家の人々……。

刺激や娯楽にあふれる一方、窮屈で忙しい毎日に疑問を感じている都市生活者は、メディアが発信するこうした「田舎像」「農業像」に魅了されてしまう。

脱サラをした中年夫婦が田舎暮らしや農業を始めたり、アイドルがコメや野菜を育てながら、農業の魅力を視聴者に伝える番組もある。テレビ画面の向こう側に映る彼らの表情は、一様に明るく充実している。「農業、あるいは田舎暮らしにこそ、人間らしい生き方がある」と、その生活を満喫している姿を映し出す。手塩にかけて育てた農作物を収穫する喜びは、何物にも代えがたい。それらが全国の家庭やレストラン、学校給食などで食され、また自らも味わう幸福感は格別だろう。

そうした映像が、田舎暮らし、ホビー農業として伝えられるだけならよい。ところが、実際の農業経営との線引きがあいまいで、メディアは農業の良い側面しか映そうとしない。そんなメディアの姿勢に、農業経営の厳しさを知る人ならばだれしも疑問を感じることもあるだろう。

以前、こんな若者がいた。静岡県出身の男性Aさん（三五歳）である。彼は脱サラをして、まったく素人の農業を始めた。以前からわずらわしい職場の上下関係やノルマに追われる毎日から解放され、自身の力を自分や家族のためだけに使うことができる農業経営にあこがれ、「土と共に生きる人生」を夢見ていた。三〇代になり、その思いが強くなった彼は、結婚したばかりの妻と相談し、念願の農業生活に踏み切ったのだった。

脱サラをした非農家出身の彼が、まずしなければならなかったことは、農作物を栽培するための土地――「農地」を確保することだった。これが手に入らなければ、コメも野菜も育てられない。Aさんが農地を確保するためには、農地が余っている農家から借りるしかなかった。彼は方々と掛け合い、農業委員会の斡旋もあって、ようやく三〇アールの畑を借りることができた。

念願の農地を手に入れたAさんは撫でるように土を耕し、葉物野菜の種を撒いて、丹念に育てていった。ところが、最初は気付かなかったことだが、その畑は水はけが極端に悪く、少しでも雨が降ると冠水してしまうような土地だった。農地とは名ばかりの、実は最悪の土地だったのだ。

農業委員会も貸し手の農家も、この実態をAさんに伝えることはなかった。素人だと思って隠したにちがいない。Aさんは涙がでるほど悔しがったが、時すでに遅しだ。こんな土地だからせっかく育てた作物はすべて水にやられ、結局収穫はゼロだった。それまでの努力は、まったく水の泡となってしまったのだ。農業とは無縁の生活を送ってきたAさんが受けたショックの大きさは、計り知れない。問題はそれだけではなかった。

代々の農家とは違い、Aさんはゼロから農業を始めるわけだから、当然、さまざまな初期費用がかかる。農地を借りる地代、農耕機の購入費、土地改良費や肥料代といった初期投資のために、すでに二〇〇〇万円以上の借金を抱えていた。

収穫がゼロということは、収入もゼロだ。前職を完全に辞め、農業一本に絞っているから、借金を返す術は皆無に等しい。だが、借金は返さなければならない。

Aさんが思案している時に、さらに彼を不運が襲った。慣れない農業に四苦八苦する自分を支えてくれていた妻に進行性の癌が見つかったのだ。借金返済と妻の看病に追われ、もはやAさんの心中は農業どころでなくなったのは当然である。

私が彼と知り合ったのは、彼が人生のどん底にあるその時だ。以前から暇を見ては日本全国の農家や農村を訪ね歩いてきた私は、農業に従事する人々の声に耳を傾けてきた。その中には、脱サラして農業に新規参入した人々も数多くいて、Aさんもそのうちの一人だった。

Aさんはすっかり疲弊しきっているように見えた。「万人は一人のために、一人は万人のために」をモットーに、弱者を救うことが自分たちの使命だと言って来た農業協同組合――JAは、彼に対しては冷たくそして協力的ではなかった。その理由は、後ほど詳しく述べるが、私が愕然としたのは、周囲の農家もAさんに対し、別段手を差し伸べる様子は見受けられなかったことだった。

「農業を一生の仕事にしたい」と意欲に満ちた若者に、何のアドバイスもせず、このように劣悪な土地を与えて、ほったらかしにする――。怒りにも似た感情が、私の中にも湧き上がった。

「誰も私たちを助けてくれません。これから、一体どうすれば……」

嘆くAさんを、私は励ますことくらいしかできなかった。

その後Aさんは、農業経営から手を引いた。手を引いたというのは正確ではない。手を引かざるをえなかったのだ。妻の看病と治療費の工面、自分以外にやり手のいない農作業、これらを一人でこなしていくにはあまりにも過酷だった。借金を返すためにも、もはや自分ひとりだけで農業を続けることはできない……。

そう判断したAさんは、ついに離農し、再び小さな会社になんとか就職した。新規就農してから、数年もたっていなかった。そんな彼の「離農」の原因を、農村の人々は「農業技術不足と経営能力不足」だと評価した。なんとむごい仕打ちであることか。

2　新規就農者六万人のウソ

Aさんのように非農家出身者は、農業経営を始めるに当たって、皆一様に口では言えぬ苦労をする。無論、農業に限らず、素人が新しく何かを始めようとするのに苦労は付き物であるが、日本の農業新規参入者の場合、それがとくにはなはだしい。しかも、かりにスタートがうまくいったにしても、日本農業をとりまくさまざまな国の制度や村の「掟」がこのままでは、Aさんのような若者の苦労が報われることはない。

農林水産省のウェブサイトをみると、「農林水産基本データ集」が載っている。そこには、日本の食料自給率や食品産業の国内生産額のデータとともに、農業、林業、水産業に関する細かなデータが素人目にもわかるように掲載されている。

これを見たほとんどの人は、日本の農業の惨状に愕然とすることだろう。ここまで日本農業を

【表8】　日本農業凋落の姿

	数値	年次	ピーク
国内総生産	474兆402 億円	21年度	
農業総生産	4兆4,291 億円	20年度	7兆9,377億円（H2年度）
食料自給率	40 %	21年度（概算値）	78%（S36年）
農産物輸入額	4兆8,281 億円	22年	
水稲　（作付面積）	1,625 千ha	22年産	3,173千ha（S44年産）
（収穫量）	8,478 千t	22年産	14,257千t（S42年産）
小麦　（作付面積）	207 千ha	22年産	856千ha（S17年産）
（収穫量）	571 千t	22年産	1,792千t（S15年産）
（飼養頭数）	1,484 千頭	22年（概数）	2,111千頭（S60年）
肉用牛　（飼養戸数）	74.4 千戸	22年（概数）	1,963千戸（S36年）
（飼養頭数）	2,892 千頭	22年（概数）	2,971千頭（H6年）
豚　（飼養戸数）	6.9 千戸	21年2月1日現在	1,025千戸（S37年）
（飼養頭数）	9,899 千頭	21年2月1日現在	11,866千頭（H元年）
採卵鶏　（飼養戸数）	3.1 千戸	21年2月1日現在	2,753千戸（S41年）
（飼養羽数）	178,208 千羽	21年2月1日現在	188,704千羽（H5年）
総農家	253 万戸	22年	618万戸（S25年）
販売農家	163 万戸	22年	
専業農家	45 万戸	22年	416万戸（S10年）
農業就業人口	261 万人	22年	1,454万人（S35年）
うち65歳以上	62 %	22年	実数は161万人（H22年）
平均年齢	65.8 歳	22年	
新規就農者	6.7 万人	21年	
うち39歳以下	1.5 万人	21年	
耕地面積	459 万ha	22年	609万ha（S36年）
うち田	250 万ha	22年	344万ha（S44年）
うち畑	210 万ha	22年	272万ha（S33年）
耕作放棄地	40 万ha	22年	H17年は39万ha
耕地利用率	92 %	21年	138%（S31年）
一戸当たり経営耕地			
販売農家（全国平均）	1.96 ha	22年	H17年は1.76ha
〃　（北海道）	21.48 ha	22年	H17年は18.68ha
〃　（都府県）	1.42 ha	22年	H17年は1.30ha
総所得	457 万円	21年	H20年は466万円
うち農業所得	104 万円	21年	H20年は108万円
米生産費（10 a当たり）	14万3,434 円	21年産	H20年産は14万6,754円（10 a）
（60kg当たり）	1万6,733 円	21年産	H20年産は1万6,497円（60kg）

〔資料：農水省〕

放置してきた農水省の責任は軽くない。農水省だけでなく、やはり政治の責任、その政治を悪用して私腹を肥やしてきたJA・農業諸団体の責任である。

さて、【表8】をみると真っ先に農業総生産が目に入る。二〇〇八年の農業総生産は、四兆四二九一億円。ピークが一九八四年の七兆九三七七億円だから、約四半世紀で約半分になった。そして今後も増える見込みはなく、一国の産業としては、以前から「斜陽化」を指摘されていたが、それどころではなく実態は「崩壊」状態にあると言わざるをえない。食料自給率はわずか四〇％、農産物輸入額は農業生産額を上回る四兆八二八一億円、農家戸数はピーク時の半分以下にまで減少してしまった。

日本農業の衰退をより明確に表しているのが、「農業労働力」の欄に記された「新規就農者」の数字だ。二〇〇九年は、六・七万人が新たに農業を始めたことになっている。一見するとすばらしい数字にみえる。だが、農業就業人口二六一万人の六二％は六五歳以上の高齢者が占め、平均年令は六五・八歳なのである。また新規就農者のうち、三九歳以下の就農者はわずかに約一・五万人。残りの五・二万人は、四〇歳以上の中高年層なのだ。

この表にはないが、中学、高校、大学を卒業し、農業に参入する二九歳以下の農家の後継ぎは、二〇〇九年に全国の隅から隅まで足してもたった一九四〇人しかいない。一つの大学の新入生や、大企業の新入社員の数字以下なのだ。今後、日本は少子化の影響で若年層の数はますます減っていく。にもかかわらず現段階で日本農業の未来の担い手が年間で一九四〇人しかいないことに、「絶望」を感じない人がはたしているだろうか。

問題は他にもある。「新規就農者＝六・七万人」というデータだが、この中には、会社を定年退職し、老後の楽しみとして畑仕事を始め、余った農作物を売ってみたといった人も数多く含まれている。当然、本人たちに「ビジネス」として農業に従事しているという認識はないし、やろうとしても無理だ。農業経営は甘くはない。

それを人々は余暇農業やホビー農業と呼んでいるが、農水省はそうした人々も含めて、新規就農者を六・七万人とカウントしている。統計的などんぶり勘定と批判されても仕方なかろう。

農水省では、経営耕地面積が一〇アール以上で農業を営む世帯、または農産物販売金額が年間一五万円以上ある世帯を「農家」と定義し、農家世帯員のうち、ふだんの就業状態が「農業が主な人」になった者を「新規就農者」と定義しているので、この中には当然、余暇農業者やホビー農業者も含まれる。

これは統計上のゴマカシとしか言いようがない。農水省にとって農家戸数が減ることは役所の業務も減ることになるので死活問題だ。一方では、常に食料自給率を大きな問題として取り上げている手前、日本の農業の担い手の現状がそれほど壊滅的ではないことを示したいのだろう。日本農業も農水省のこうした考え方も実態は風前の灯火なのだ。農水省統計の大きな役割は、その実態を糊塗することにあるのではない。

余暇農業は、あくまでレジャー的な要素が強い「土いじり」に過ぎない。それを「農業」と呼ぶのであれば、自分の所有物をインターネット・オークションに出品した定年退職者が、それを指して「新たにＩＴベンチャーを始めた」と言っているようなものだ。統計というのはそんなごまかしのためにあるのではないはずだ。日本の農業統計の発展に尽くした故近藤康男さん（一〇六歳で二〇〇五年没）は天国できっと嘆いているに違いない。

農業を支える人々が絶対的に少ないうえに、新しく従事したいと考える若者も極端に少なくなっている今、もはや日本農業を「産業」と呼ぶことにすら無理があるように思えてくる。これも、日本発の新型世界食料危機の兆候といえないだろうか。

3　供給不足が生む高コスト

日本農業は、このように、足元から崩壊しつつあるのに多くの人はそれに気づかない。崩壊が始まったのにはもう一つの大きな理由がある。それは、一般的に日本の既存の農家やＪＡは新規参入者に対して冷たく、協力的でないということだ。

ある産業が成長し、それを維持するためには、コンスタントな人的・技術的な新陳代謝が必要なことは言うまでもないが、農業にはそれが消えかかっている。産業の発展には先人が培った技術や知恵を、次代の人間が受け継ぎ、より良いもの、より高度なものへと革新させていくことが大切だ。古いものが次第に去っていき、新しいものが徐々にこれに代わることで、産業は発展を遂げるのが理というものだ。

発展のためには自由も必要だ。その業界に自由度が高ければ新規参入者も増え、そこに競争が生まれる。多様な個性や能力が参加する競争があれば優れたアイディアが生れ、それらが市場を活性化させる。しかも日本農業は、需要が供給を六〇％も上回る売り手市場なのだ。日本では、こんな都合のよい条件を持つ産業は農業をおいてほかにない。

現在の農産物は供給不足なのだから消費者価格が高いのは当たり前なことで、その生産費が高いことが理由ではない。供給不足を解消できないから生産費が高い。供給が少ない、つまりは生産量が少なく規模の経済が働かないから生産費が高いのだ。供給が増えれば、規模の経済が働き、価格は下がる。この基礎的な理屈を知らない者があまりにも多い。そしてその供給量を増やすには、産業構造を変えなければならない。産業構造を変えるために、まずやらなければならないことは農地改革だ。

こんなことを言うと、供給過剰なコメの生産費が高いのはなぜなのか、という質問が飛んできそうだ。こういういじわるな質問に対する答えはこうだ。

コメに限らず、ある農産物の価格はけっしてその農産物の生産量や供給量単独で決まるものではない。コメの価格は、農業全体の生産要素価格のあり方から決まってくるのであって、コメ単品の生産費がコメの価格を決めるのではない。原因は、コメも野菜も果物も含めた日本の農地利用全体に誤まりがあるためである。

そして農業労働の利用のあり方に誤まりのあることがもう一つの原因だ。

日本農業は「産業」でありながら、新しく就農しようとする人間に対して、非常に高いハードルを用意する。高いだけならまだしも、理不尽と思えるような障害をいくつも用意してきた。

その代表例が、長年にわたり農業発展の妨げになってきた「農地法」である。筆者の前著（『農民も土も水も悲惨な中国農業』朝日新聞出版）でも触れたが、第二次世界大戦後七年目にあたる一九五二年に施行されたこの法律が、その歴史的役割を終えた現在まで存続していることが、日本農業を崩壊させた諸悪の根源だといっても過言ではない。

農地法とは、かいつまんでいえば、「農地はその耕作者自らが所有することを、もっとも適当であると認める」法律である。すなわち、農家以外は農地を所有できないと定めている法律だ。孫文の「農地は耕す者がこれを所有すべし」という中華民国時代の思想をまねて創ったこの法律はいまや、日本農業再出発に対する最大の障害である。

第二次世界大戦が終わるまで、日本の農業は「寄生地主制」が主流だった。これは、地主が所有する農地を小作人（農民）に貸し与え、地主は農産物の一部を小作料という名目の地代として徴収するという制度である。小作人の労働力に対して、さながら寄生生物のように依存する地主を揶揄してこう呼ばれたのだが、この制度は地主と小作人との間に大きな貧富の差を生み出すことになった。

戦後、ＧＨＱ（連合国軍総司令部）は、日本のファシズムの温床だとして寄生地主制を廃止した。農地は安価で買い取られ、小作人たちに分配された。戦後の財閥解体同様、農地解放もＧＨＱ主導で行われ、農地所有権はほぼすべての農民の手に行き渡った。

その後六〇年以上経ったが、農家だけでなくＪＡや土地改良区などの農業団体までも、この農地法によって既得権益を守ってきた。新規参入者が農業を始めたいと頼んできても、粗悪な農地しか貸さないのは、彼らにかつて地主に搾取されてきた苦い記憶がよみがえるからだ。また、最近はヤミでしか農地を貸さない農家も多い。農地法上の貸し借りをすると、借り手に耕作権が生じるため、駐車場や商業用地など農外転用のために売りたい時に売れないからだ。

「どこの誰かもよくわからない者に、優良な農地などを貸したら、またその土地を奪われてしまうんじゃないか……。しかも借り手が耕作権を主張して返さないなどと言い出したら、目の前の大金をミスミス逃す……」。

先のAさんが、水はけの悪い土地を与えられたのもこのためである。彼の妻が癌を患ったのはまったくの不運だが、粗悪な土地を与えられたのは「不運」とばかりは言い切れない。そこには、農地所有者の拝金主義的な感覚が蔓延している現実も横たわる。これは新規就農者が必ずといっていいほどはまり込む、実は六〇年も前からある落とし穴であり新型世界食料危機を生む人災でもある。

4　限界点に達した農業諸制度——肥大化した農地行政

農地法が日本の農業の発展を妨げているという指摘は、以前からあった。二〇〇九年には国会で改正農地法案について審議され、同年六月に参議院本会議で可決・成立した。

この改正は俗に「農地制度改正」とか「改正農地法」などと呼ばれている。趣旨は、戦後初の農地の利用権（賃借権）を原則的に自由にすること。個人、農業生産法人（農業が主事業である公開会社でない株式会社、または持分会社のこと。似たものに農事組合法人があるが、これは農協法上の団体を指し、まったく別もので、農地所有はできない）以外の会社やNPO法人も自由に農地を借りることができる。もちろん、借りるからには農地の適正利用が大前提である。

また、農地の賃借期間もそれまでは最長二〇年間だったが、これを五〇年間に延長。従来の農業従事者（農家）でなくとも、農業生産法人やそれ以外の法人が農地を借りることができるようになった（ただし、農業生産法人でない法人が農地を借りる場合は、農業に常時従事する者を、最低一人以上、役員としなければならない）。

しかし、この改正も、「大山鳴動してネズミ一匹」の域を出るものではなかった。農地を借用できる選択肢がわずかに広がった程度に過ぎず、問題の抜本的な解決には至っていない。農地を「所有」できるのは相変わらず農家と農業生産法人だけという原則は不変なためである。

たしかに今回の制度改正で、形式的には、だれもが農地を所有できるようになった。しかし、農地所有ができる者は個人・法人に限らず、すでに一定の面積の農地を所有していることが条件なのだ。つまり農家であることが実質的な条件であり、農地をまったく所有していないAさんのような人が農地を所有しようにもできない原則は何も変わっていない。

法律上の文面だけ見ると、根本的な改正であるかのように映るが、中身は何も変わっていない。こんなことを審議し法律化するために、莫大な税金を使ったのでは、Aさんのような人は浮かばれない。

新型世界食料危機の解決に向け、そのような厳しい条件は撤廃すべきである。そのためには、全国市町村にある農業委員会、農水省の地方組織である地方農政事務所や自治体の農地法の執行・管理行政機関自体を廃止するか業務の縮小を図るべきなのだ。そうすれば、農地行政の総本山である農水省経営局構造改善課の多くの業務もそのほとんどが不要となるはずなので、縮小や廃止も可能なはずである。いまや、農地行政に根本的なメスを入れる時が来ている。

借用期間が三〇年間も延びたとはいえ、農民の資格を持つ者以外の個人・法人はやはり「借りる」ことでしか農地を利用できないことに変わりはない。個人の新規参入者には、依然不利な状況が続く。農地法を文面の「改正」レベルで変えるのではなく、誰もが自由に農地を所有できるようにするための「変革」を実行しなければならない。

現在の農家には、「農地法を守ってきたからこそ今の自分たちがある」という思いがある。確かにそうかもしれないが、全国の農家が高齢化しているいま、その意識を人のために改め、新規参入者に門戸を開放しなければ、肝心の農業そのものが滅んでしまうだろう。

国は食料自給率を現在の四〇％から今後一〇年の間に五〇％台にまで回復させたいと考えているようだが、これは政治的な思惑から生まれた数字に過ぎず、今のままでは非常に困難であると言わざるをえない。

5 それでも農業改革を拒むJA

農業の新規参入者にとって高いハードルとなっているのは、農地法だけではない。JAすなわち農協も、その法律上の目的――農民の農業生産力の増進と、農業者の経済的・社会的地位の向上を図る――とは裏腹に、新規参入者、つまりは農地のない弱者の前に巨大な壁となって立ちはだかる。

農業を営む人間、あるいはこれから営もうとする人間にとって、その地域との連携は必要不可欠だ。JAはそんな彼らと地域との連携強化に協力し、農業の指導を始め、農産物の販売や農業生産資材の購入、金融活動の支援など、多岐にわたるバックアップを行う団体のはずだ。

だが、こうした支援を受けるためには、JAの組合員にならなければならない。農業協同組合法では、組合員を「正組合員」と「准組合員」に分けている。こんな変な分け方をしているのは日本くらいのものだ。経営状態の悪かったＪＡを助けるために、監督官庁の農水省が作った制度だ。正組合員になれるのは農家だけだが、准組合員はたとえ農家でなくても、ＪＡにとってふさわしいと判断されれば加入を許可される。つまり肥料会社の社長とか共済に加入したいサラリーマンでも加入できる。

晴れて正組合員つまり正規の農民になれば、政府から補助金を与えられたり、右に挙げた一連のバックアップを受けられたりするわけだが、その窓口は実質的にＪＡに集約される。農民あるいは正組合員でなければ、かわいそうなことにこうした恩恵とは無縁だ。

先のＡさんに対してＪＡが協力的でなかったのも、彼が正組合員ではなかったからだ。しかも正組合員になれない仕組みが立ちはだかっていた。つまり、彼が非農家であったがゆえに、農業経営者であっても制度上の「農民」ではないということで相手にされず、正組合員にもなれないために、ＪＡが提供する各種の営農のためのサービスも受けられなかったのだ。

新たに農業経営にチャレンジしようとする者には冷たく、代々の農家にしか目を向けていない組織体制は、大いに問題があると思うのだが、とにかくこれがＪＡの現実だ。

こうした現状を知ってしまうと、農業系の大学に入学した学生さえ馬鹿らしくなってしまうのだろう。事実、彼らの多くが卒業後、農業とは関係のない一般企業に就職する。大学で農業を学んだのに、自動車会社の営業マンになったり、農業には無関係の事務職に就いたりしている。

農業を営むのなら、自分の農地を持ちたいと思うのは当然だ。しかし、現状の法令ではそれが不可能なばかりか、大学で学んだ農業の知識を生かせる場が、ほとんど与えられない。就農に見切りを付け、彼らが他業種へと進むのはやむをえないことなのだ。それが新規就農者数のあの驚くべき実態を生んでいるわけだ。

他業種であれば、会社という組織で知識や技術を身に付け、そこで自分のキャリアを高めていくこともできるし、独立して新たなビジネスを始めることもできる。無論、そこには大きな責任も生まれるが、自分のアイディアや技術を生かした会社経営が可能になるのだから、大きな魅力には違いないはずだ。

しかし、それが農業では困難なのである。個人で農業に特化したビジネスを起業したくてもできない。本来の「経営者」にはなれないのだ。若者はその事実を知り、失望し、農業への夢を諦める……。そうした負の歴史が繰り返されてきた結果、新卒の農家のあとつぎが全国で年間わずか一九四〇人という数字が生み出された。

この事実をさしおいて、政府が食料自給率の目標を四五%とか五〇%とかに回復させたいと言っても、お笑い種だ。こうした問題を生み出している元凶がどこにあるかといえば、既得権益にあぐらをかいてきたＪＡ、農家、農政そのものなのだ。

6 「温室」ゆえに苦しむ農民

日本農業の現状と未来を考えると、「農業ブーム」「農業にこそ人間らしい生き方がある」などと言われても、何か鼻じらむような気持ちになってくる。ブームは所詮ブームであって、決して長くは続かない。実際、ブームに乗って、本格的に農業を始めようと思う人もあまりいないだろうし、「余暇農業で十分だ」と考える人のほうが多いのではないだろうか。

だが、農地法に守られているはずの農民たちにも苦悩はある。誤解を恐れずにいえば、誰の目から見ても今の農家の多くの実態は「弱者」だ。つまり、農地法の庇護を受けて、過保護の状況に置かれ、マイナスを背負っているという意味での弱者なのだ。ひよわなもやしのような弱者だ。または、自分たちの農民としての力を発揮しようとすると、必ず壁にぶち当たるという意味でも、弱者であるといえるだろう。

たとえば、ある農家が自分の農地を拡大しようとする。そのため、近くの農家の農地を借りようと思うが、その農家はさまざまな注文をつけてくる。農地の使い方を細かく指示したり、土地改良費の負担を求めてきたりする。そうしたしがらみと上手く折り合いをつけながら、自分の好きなように農地を広げていくのは至難の業だ。

思うに農家の人々は、農民として生まれたことを「宿命」として受け止めている。生まれながらにしてなにか重い十字架を背負わされたような感覚でいるのだ。なぜ、彼らがそうした感覚に捉われるのかというと、彼ら以外に農家のなり手がいないからである。そこには甘えも生まれてくる。それでいて、一旦親から農業を継ぐと、体力が続く限りは農家を止めることができない。

特に兼業農家の若い多くの子弟は、「先祖伝来の農地を守っていかなければならない」「農家の子なのだから、農地（農業ではない）を継ぐのは当たり前」といった因習じみたものに縛られ、閉塞感を味わう。農家に生まれたばかりに、将来性のない農地の維持を、したくもないのにさせられている……。そんな感覚ともいえる。

またば、値上がりを期待して、少しでも有利な価格で売り抜けるまで我慢して待ち続ける。そうなったらそうなったで、今度は相続争いで肉親同士が分断するような悲劇の現実が待ち受ける。都市部のＪＡには、家族の相続争いの調停を専門とする職員さえいると聞く。

さらに、現在の高齢化した農家に改革の主体性を期待するのは無理な話だ。農業の将来に対する展望がない一方で、農地法の恩恵を長年受けているから、今さらそれを変えていこうという発想も気力もない。人間は、制度や組織の仕組みを最初はわずらわしく思っていても、年を取り、ある程度それに慣れてくると、逆に取り込まれてしまう。そこに、安心感や心地よさを感じてしまうものである。

しかも総じて日本の村社会は、新規参入者を「よそ者」とみなす一方、内部からの新しい発想に対しても耳を貸さない傾向がある。「変わり者」呼ばわりして、せっかくの意見を潰してしまう。

私の出会った高齢農家の中には、「自分の代で農家は終わり。続いても息子の代までだろう」と嘆く人々がじつに多かった。かといって、非農家による農業の新規参入を容易に認めようとはしない――。こうした矛盾を抱えながら、文字通り農地法という出口のない「温室」の中で、農民たち自身も先の見えない現実に苦しんでいる。

7　農業崩壊の陰に見え隠れするＪＡと政治家の癒着

形式上は農家の「所有物」といってもいいＪＡだが、この団体と密接な関係にある政党が自由民主党（以下、自民党）だ。二〇〇九年八月の総選挙で敗れ、野党となったが、長らく日本の政党政治において与党のポジションにいた。

ここでＪＡと自民党の長きにわたる蜜月関係を、振り返ってみよう。それにはまず、ＪＡの歴史を振り返る必要がある。

ＪＡの前身は、明治時代に生まれた産業組合である。産業組合は一九〇〇年に産業組合法によって設立された小生産者のための協同組合で、組合員の協力によって産業・経済の発展を図ることが主目的とされた。なかでも、資本力の小さい中小生産者の救済に積極的で、とくに貧しい農村で発達した。その後、第二次世界大戦中の一九四三年、農村の産業組合や従来の農会を改組する形で、「農業会」という組織が発足する。敗戦が濃厚になる中で農産物を一元的に管理する目的で作られた統制団体だ。

そして戦後、日本を占領したＧＨＱは、農民に農地を解放し、さらに農地改革の延長として欧米型の農業協同組合を作ろうと考えた。だが、当時は深刻な食糧難であり、まずは食糧を一元管理する必要があった。そこで一九四八年、農業会をさらに改組させて、形式は民主的な団体を作り上げた。それが「ＪＡ」である。農地解放も、ＪＡの組織も、すべてはＧＨＱの日本占領に端を発する。

同時に戦後の日本経済は、米ソ冷戦構造によって決定づけられたといえる。一九四九年に、中国（中華人民共和国）が生まれ、アジア全土に共産主義の足音が響き渡る。翌一九五〇年には、その中国とソ連のバックアップを受けた北朝鮮が、韓国と朝鮮半島で衝突した。朝鮮戦争である。

アメリカは朝鮮半島の共産主義化を防ぐため、自国軍を主体とする国連軍を韓国側に送り込み、北朝鮮と激しい戦闘を展開することになる。この際、アメリカ軍に物資供給の最前線基地の役割を担わされたのが日本である。日本に基地を設置したアメリカ軍は、同時に戦争の武器や物資補給のために、日本の工業や産業労働者をフル稼働させた。いわゆる「朝鮮特需」で、おかげで日本は工業による経済復興がめざましく進んだ。

急速に進む工業大国化の裏で衰退していったのが農業だ。その代わり、農家には思わぬ恩恵もあった。公共事業としての土地改良、道路や鉄道の建設が地方振興の推進役となり、結果としてその恩恵が地方の農家にばらまかれたからである。税制面でも農家は青色申告の対象となり、事実上無税扱いされ、所得を全額把握される都市部のサラリーマンよりはるかに優遇された。その上に、多くの補助金が流れ込んだ。その負担をさせられたのは事実上都市部の貧しいサラリーマンだった。

なかでも農業収入の基幹であるコメは優遇され、食糧管理制度のもと国外からの輸入阻止、政府による買い上げなどが行われるようになった。コメ以外の農作物も、安定価格制度などを通じて可能な限り保護が行われた。ほとんどは都市部のサラリーマンの負担によって、農業の保護政策として行われたことだが、一方では彼らの自立を妨げる結果にもなった。

こうした優遇策の創設を取り計らったのが、中央の与党――自民党の議員たちだった。ＪＡと土地改良区（農業水利事業も含む）は農村の二大農業団体だが、自民党議員の選挙地盤ともなり、これに農水省や地方行政機関が加わり、「JA・土地改良区―自民党―官僚」という既得権益つまりは癒着の関係ができあがった。その周辺に、多くの御用学者や太鼓持ちジャーナリスト、はては無数のおこぼれにあずかろうという業者がむらがっていった。

現在日本のまわりで進行中の環太平洋パートナーシップ協定（TPP）や自由貿易協定（FTA）に反対する集団もこの人たちが核になっている。最近は、民主党の農業保護派といってもよい守旧的な議員集団が、JAから何の恩恵も受けずにいながら、農村票ほしさに、かつての自民党と瓜二つの主張をし始める光景すらみられる。民主党の使命は国を開くことだということを忘れないことだ。

かりに、それがゆえに選挙で得票が減っても、それは一時的なことで、やがて有権者は必ずその勇気を讃える選択を行うだろう。それが政党というものだ。票に怯え、票に左右される政治で、いったい何を変えることができるのか。

二〇一一年度、国は二兆二七二一億円の農林水産省所管一般会計予算（当初予算）を組んだが、このほかに農林水産業関連の予算として国会審議が不要で官僚の判断一つで使える財政投融資や独立行政法人等の事業を管理する特別会計として三兆三三〇〇億円が加わる。ただし今年度は東日本大震災に対する補正予算が相次ぐので、これまでの予算規模と比較することは適切とは言えないので注意を要する。

これだけではない。都道府県、市町村にも農業予算がある。さらには国や都道府県の補助事業に伴う補助金は予算として計上されるが、先述した一般会計予算には算入されない。補助率は五〇％程度が限度なので、あとの五〇％は民間負担となる。この五〇％を右の予算額に加えないと、農業のために支出された全額は実態から遠くなる。これらを総計すると、農業に支出される農林水産関係に使われるお金は全国で毎年、優に八兆円を超えている可能性がある。

そして、過去数年間にわたって資金投下されてきた農業資本のストックから毎年の生産活動に投入される額（減価償却額）を加えると、年間の農林水産業に対する国や地方自治体等からのインプットはおそらく一〇兆円を超えるだろう。

これに対して驚くなかれ、アウトプットに相当する農林水産総生産はたったの五兆六三〇〇億円だ。毎年の収支を社会的レベルで計算すれば、四兆円程度の大幅な赤字産業ということになる。そのつけは、国民全体の負担となって回ってきているはずだ。赤字国債が積み上がるのも無理からぬことである。いつまで、この赤字産業をこのまま保護していくつもりなのか。

8　小泉改革も恐れたＪＡ・農地制度改革

話を元に戻そう。

戦後、農業が工業に押され衰退し始めたとはいえ、それまで日本は農業国だった。一九五〇〜六〇年代には、農業従事者が全労働人口の約三分の一を占めていた。全国各地の農家を優遇することで、自民党は自分たちの格好の「票田」にしていたのである。互いの利益のために強い絆で結ばれた農家と自民党。それはそのまま農水省の出先機関として、ＪＡが確固たる地位を築いたこととつながる。

ＪＡ（農家）にはさまざまな特権が与えられ、何があっても農水省から救いの手が差し延べられる。たとえば、通常の金融機関（銀行、証券会社、信託会社、保険会社など）は他業種との兼業が厳しく制限されているが、ＪＡには多種多様な兼業が許されている。

たとえば、農薬や肥料販売、ガソリンスタンド（ＪＡ-ＳＳ）やプロパンガス供給元（クミアイプロパン）の運営、スーパーマーケット（Ａコープ）の運営、農産物の専属契約による販売、信用事業（ＪＡバンク）、共済事業（ＪＡ共済）、アパート建設や不動産業などだ。ほかにも、冠婚葬祭業や観光事業なども手がけており、周囲から「ＪＡで扱っていない事業は、パチンコと風俗業くらいのものだ」と揶揄されているくらいだ。

以上のような背景があるからこそ、ＪＡは正組合員数だけでも五〇〇万人を超える一大組織に成長を遂げ、農水省の従属組織であると同時に、経済団体連合会（経団連）と比肩する自民党の支持母体として君臨してきたのである。

長い時間をかけて築いてきた農政とＪＡの蜜月関係、それはもはや「癒着」から合体とでも呼べるレベルに達している。しかしながら、この三位一体の関係にメスを入れるのはやはり困難といわざるを得ない。「自民党をぶっ壊す」と言い放った小泉純一郎元首相は、構造改革、構造改革と繰り返しながらも、自民党とＪＡとのあり方に関しては言及することすらできずに終わった。ＪＡ・農業改革なしに真の構造改革はありえなかったにもかかわらずである。

当時から、彼の改革政治なるものはニセものだという声があった。実は、彼の唱えた郵政改革で最も喜んだのは、店舗数で並び、どの地域でも激しい競争を繰り広げていたＪＡだった。ここに、ＪＡが自民党政権を死守し、民主党や国民新党をきらう根本的理由の一つがある。ただ、いまや民主党も自民党と変わらぬ農村政党に変わってしまったようだが。

構造改革を主張する小泉氏がまっさきにやるべきことは、農地所有制度と関連するＪＡ制度の改革だったはずだ。

ＪＡ制度の根幹は、正組合員、准組合員、組合員以外の三つに分けることにあるが、その組合員の区分制度を廃止しようとすると、どうしても農地法に手を付けざるをえなくなる。これは農家以外にＪＡの正組合員になることはできないので、正組合員制度をなくすことは農家の定義を変えるか、「農家」の定義を無意味にすることになるが、そうなると農地法の適用対象がいなくなるからだ。それゆえに、小泉政権の構造改革ではとても手を付けることができなかったのである。

だが、それも無理もない話かもしれない。農地法にメスを入れることは、ひいては自民党の支持基盤であるＪＡを敵に回すことにつながる。選挙の際、各地のＪＡ支店は自民党選挙事務所まがいの露店を設け、組合員を駆り出して候補者の支援をしてきた。今さらその関係を絶つことなどできない相談だ。

しかし、もしＪＡが農地法の全面改正に方向を転換すれば、多くの人々はＪＡ支持に回るはずだ。ＪＡは、ある意味農地所有者集団とも言える。そのＪＡが農地を手放すことには大変な抵抗はあろうが、年老いた農家から農地と農業を解放し、若い世代に引き継がせることができれば、ＪＡに対する評価は変わるはずだ。それができるのは、日本の食料需要が国内供給を上回っている今をおいてはない。

ＪＡは農業経営を行う会社となればよい。そして、そこに都市・農村からを問わず多くの若者を雇用するのだ。それが実現すれば農業の再生に貢献することになろう。

9　ＪＡなどの反開国主義――既得権への醜い執着

政党とＪＡのこれまでの持ちつ持たれつの関係も、すでに限界が来ていることは明らかだ。自民党農政は彼らを保護漬けにしてきたが、その弊害が今になって、農業の担い手の高齢化、耕作放棄地の拡大、価格競争力の低下などにみられる農業の疲弊化や弱体化、硬直化にみられるようになっている。今や保護漬けにするのではなく、各農家が競争力を持てるように支援していく政策を進めるべきだが、日本農業が足元から崩れている現象を見ると、もはやそれも遅きに失した感がある。

自民党に代わって与党となった民主党は、ＪＡとは距離を置いた姿勢を取っている。二〇〇九年の総選挙では、ＪＡも従来以上に自民党を支持し、民主党に反対する姿勢をあらわにしていた。これまでの自民党による手厚い保護政策とは対照的に、民主党がマニフェスト（政権公約）に掲げたのは、ＪＡの存在基盤を根底から揺るがすものばかりだったからである。

たとえば、アメリカやオーストラリアとのＦＴＡ構想がそうだ。ＦＴＡとは、物品の関税やその他の制限的な通商ルール・サービス貿易などの障壁など、通商における障害を取り除く自由貿易

【写真 17】 韓国 38 度線の水田（韓国）〔筆者撮影〕

地域の結成を目的とした、二国間以上の国際協定のことである。似たような協定に経済連携協定（EPA）があるが、こちらはFTAより広い人的な移動や技術協定などが加わる。この両者は、基本的に世界貿易機関（WTO）の役割の限界を補足する機能・役割を担うものだ。

長年、政府の保護の上に成り立っていたJAだが、FTAによってアメリカから安価で、味もそれほど悪くないコメが大量に輸入されれば、その経営ダメージは計り知れないという。総選挙の候補者たちは、「アメリカとのFTAを許したら、日本の農業は壊滅する！」と声高に叫び、JAも反民主党キャンペーンで追随した。それは自分たちの既得権益を守るためだけのアクションにしか見えず、日本農政のあまりに古い発想に唖然とした有権者も多かったにちがいない。

日本人がカリフォルニアで農地を買ったとしよう。そこで収穫した米をどこへ売ろうがアメリカ政府は文句を言えない。実際、多くの日本人がアメリカで自分の農地を持ち、農業経営をしている。ならば、アメリカ人にも日本の農地を開放してやってはどうか？　もし、日本人以上に上手な農業経営をすることができれば、日本の食料自給率は上がるし、食料安全保障も環境保全も確保できる可能性があるではないか。ＦＴＡとかＥＰＡとは、突き詰めればこういう不公平をなくすと同時に、国境を取り払って土地資源を能力ある人に任せることにもつながるのだ。

筆者はアメリカとのＦＴＡに真っ先に踏み切った韓国を評価する。韓国も日本と同じような深刻な農業問題を抱えている。しかし、将来の韓国経済全体の動向や農業の国際的枠組みのあり方を熟考した結果、李明博大統領は英断を下したのだろう。

二〇一〇年三月末、ソウルで政治的に中立な立場をとる経済専門家たちと、国際関係をめぐって話す機会があった。出席者は一様に李大統領の英断を称えていた。同時に、日本の立ち遅れを指摘され、耳が痛い思いをしたのだった。

10　「ＪＡを相手にする必要はない」

ＪＡが民主党に敵対姿勢を示した真の理由は、ＦＴＡと同じくマニフェストに掲げられた「農業者戸別所得補償制度」にある。この制度は、二〇一一年度から実施される予定だったが、一部は二〇一〇年度から先行導入された。

なぜＪＡがこの制度に強い反発を示したのかといえば、これこそがＪＡの存在基盤を否定する制度だったからだ。

ＪＡとは別の表現をすると、自民党と農水省官僚による、農家を支配するための組織（道具）である。だから、農家への保護政策は、すべてＪＡを通して行われてきた。ところが、戸別所得補償制度は、政府が直接農家に補助金を分配するシステムである。つまり、政府から農家へとカネが流れる過程で、さまざまな利益団体に支払われる手数料をカットし、直接的に国民に税金の一部を還元する仕組みである。

ＪＡにしてみれば自分たちがスルーされるだけでなく、存在理由がゼロになるわけだから、面白くはない。しかしながら、その点を主張しても世論の賛同を得にくいことは想像に難くない。そこで、「日本農業の保護」を建前にＦＴＡ反対を叫び、農家や国民の支持を得ようとしたのである。

これに対して激怒したのが、民主党のある有力議員だった。マニフェストに記載されていた「日本とアメリカとのＦＴＡ締結」の表現にクレームを付け、「ＦＴＡの交渉促進」にトーンダウンするよう迫ったＪＡに対して、総選挙期間中、その議員はこう言い放った。

「我々はどのような状況になっても、生産者が生産できる制度を作る。現在、中央のＪＡや農業団体は官僚化している。皆、既得権益を守りたい観点から発言している。そんな彼らを相手にする必要はない」

この言葉に、ＪＡは震え上がったに違いない。ＪＡにしてみれば、自分たちをないがしろに扱えば、農村票が減る恐れがあることを民主党は危惧すると確信していたのだろう。正・准合わせれば組合員数一千万人を超えるJAには、民主党にプレッシャーをかける自信があったのだ。

だが、民主党はJAの「脅し」をはねつけ、政権交代を実現させた。JAと強い絆で結ばれていたはずの農水省も、いとも簡単に民主党に屈服した。農業者戸別所得補償制度は実行に移され、JAはいままでのようには立ち行かなくなることを思い知ったはずである。

しかしJAはまだ夢から覚めずにいるようだ。自民党政権時代には日常的だった農業政策の代行の仕組みが、懐かしくて仕方がない。典型的な既得権益だ。そしてこの回復は自民党の政権奪還なしにはありえない。

11　日本農業はすでに開国している?

FTAやTPPは日本農業再生の鍵なのに、日本はすでに世界一の農業の対外開放国だなどという逆立ちした言い分が、最近農業団体や農水省の役人、一部の学者から見られるようになった。これこそ開いた口が塞がらないペテン師的ゴマカシの屁理屈だ。

彼らは言う。日本の食料自給率は四〇%でしかない。これは先進国で最低だ。ということは、食料消費の六〇%は門戸開放していることを意味する。だから、日本は世界最高の食料開放国なのだ、と。否定的な意味を持つはずの最低の数字、恥ずかしさでいっぱいのはずの最低の食料自給率を、都合よく最高と言いくるめてしまうこの無神経さ。ならば、自給率はまだ下げても構わないということにもなりはしないか。

そこで当然出てくる反論は、それだけ世界に開放している日本農業ならば、ＦＴＡでもＴＰＰでも恐れる理由はなにもないではないのか、ということだ。おそらく、狡猾な答え手は言うであろう。もう限界だ、これ以上の自給率低下は日本農業を死滅させる、これ以上の開国はできない、と。自給率をもて遊ぶ理念も基準もないご都合主義者のペテン師的回答だ。

ＦＴＡやＴＰＰ、あるいはＷＴＯのラウンドに典型的だが、対外開放がなぜ日本農業を再生させる鍵になるのか。

一般的には国際貿易論の教科書が教えるように、有限の資源を国際的に有効に配分することで、その効率的な活用を行うためだ。とはいっても、これではさっぱりわからないので日本の実情に沿って話そう。

この点は、日本農業の構造的特質と強い関連がある。農業団体やその尻馬に乗った族議員はＦＴＡやＴＰＰが日本農業を潰すかのように主張するが、真の意味での農家は日本ではもはやごく少数しか実在しないといってもよい。

農水省の統計によると「農家」とは経営耕地面積一〇アール以上または農産物の年間販売金額（所得ではない！）一五万円以上の世帯をいう。このうち、三〇アール、五〇万円以上という非常に緩い条件を当てはめた農家を「販売農家」と言っている。そして販売金額と所得は別だ。所得とは肥料や農薬などの生産費用を差し引いた残りで、実際の生産費用は販売金額の五〇％はかかる。

この点を理解してもらった後で二〇〇九年の実態をみていただくと、その悲惨な実情に驚くかもしれない。農水省は毎年多額の予算をかけて詳しい統計を作っていながら、こうした現実をあまり外に出したがらない。

販売農家約一七〇万戸のうち専業農家はわずか約四〇万戸（二三％）、年間販売金額一〇〇万円未満が約九七万戸（五七％）、二〇〇五年センサスなどを参考にすると九七万戸の半分つまり五〇万戸は販売金額が五〇万円未満と推定できる。七〇〇万円以上の農家はたったの約一九万戸（一一％）に過ぎない。これが日本農業の実態なのだ。

販売金額七〇〇万円とはいっても実際の所得は約半分になるからそれほど豊かというわけでもない。しかし、この一九万戸の農家は日本農業の中核的存在として期待される農家なのだ。日本農業が保護政策から自立し、海外の農業と渡り合っていくためには、この一九万戸をいかに伸ばすかを考えるべきで、農地もこの農家に集約すると同時に、企業経営化を進めることがもっとも重要な施策ではないだろうか。

もしこの一九万戸が農地四六三万ヘクタールのすべてを利用するとなれば、一戸当たり二四ヘクタールとなる。しかしこれでもアメリカやオーストラリアに比べたら小規模なので、少なくとも五〇ヘクタール規模に拡大すると農家あるいは農業経営体数は日本全国で一〇万戸もいれば十分という勘定になる。大多数の農家は農地を売って離農したいが、借り手はいても貸さず、ただ高く買ってくれる買い手がないという理由で留まっている。

企業家となった農家は資金調達のために株式会社になってもいいし、雇用を広げ、中国の竜頭企業のような多角経営を行ってもいい。こうした企業経営を行う農家には、国が面積に見合った土地買い上げ制度資金を上限なしで貸せばいい。

ＦＴＡやＴＰＰに参加することの最大の成果は、このような規模拡大を促すことで、これが日本農業の再生につながる唯一の道なのである。

12 食料自給率向上は絵に描いた餅

ところで、民主党政権の農業者戸別所得補償制度はいい制度なのだろうか。農水省によれば「農政の大転換の第一歩となる」という。

二〇〇九年一二月、当時の赤松広隆農水大臣が次のようなコメントを残している。赤松は民主党の小沢一郎の息がかかった人物で、農政にはほとんど素人の彼が農水大臣になれたのは、小沢に代って小沢描くところの農政を実行させる意図があったとしか思えない。

「我が国の農業・農村は、農業者の減少・高齢化、農業所得の激減、農村の疲弊など危機的な状況にある。食料自給率の向上を図るとともに、農業と地域を再生させ、農山漁村に暮らす人々が、将来に向けて明るい展望を持って生きていける環境を作り上げていくことが戸別所得補償制度の目的だ」

この制度は、国、都道府県、さらに市町村が定めた「生産数量目標」に即して、コメ、麦、ダイズなどの主要農産物の生産を行った販売農家に対し、生産に要した単位当たり費用が販売価格を上回った場合、その差額を交付金として補償するシステムである。

生産数量目標とは、わかりやすくいえば「生産調整」のことである。農村では「減反」と呼ばれ、作付面積を減らすことだ。つまり、コメを一定数量以上作らせないことで、無駄なコメ余りを防ぐのである。

交付金の算定については、農作物の品質はもちろん、流通・加工への取り組み、経営規模の拡大、環境保全へ尽力した度合い、主食用のコメに代わる農作物（麦、ダイズ、飼料作物、飼料用のコメ、米粉用のコメなど）の生産といった、多岐にわたる要素を加味して行われる。

戸別所得補償制度に同意し、参加した農家には、全国一律の定額補償が一〇アール当たり一万五〇〇〇円支払われる。そして前述したように、JAを通さず、政府が直接、販売農家に対して所得の補塡を行う。

こうした政府からの直接支払いによる農業保護政策は、すでにアメリカやEU諸国では盛んに実施されている。アメリカでは農家の収入の三割が、フランスでは実に八割が、政府からの補助金によって成り立っている。

制度導入で政府が目指す究極のゴールは、低迷する我が国の食料自給率向上にほかならない。一定数量以上のコメを作ろうとすれば、罰則を課してまで禁止していた従来の政策から、一〇アール＝一万五〇〇〇円の定額補償を与えてまで一定数量のコメ作りを奨励し、農家の奮起に期待している。

しかも、麦やダイズはこれまで主食用のコメの代わりに作付けする「転作作物」の扱いだったが、新政策ではこれを「戦略作物」と位置付け、積極的に農作物の生産量を増やそうと呼びかけている。

こうした増産政策によって、将来的には日本の食料自給率を五〇%台にまで回復させたいと、民主党政権は考えているのである。

しかし一方で、このような「ばら撒き」ともいえる農政で、果たして本当に自給率がアップするのか、という疑問の声も多い。

経済学的にいえば戸別所得補償制度は、コスト削減努力をしない「怠け者」にも補償する制度である。結果的に「生産数量目標」を達成できなかった農家や、それこそ、きちんと田畑を管理せず雑草だらけの状態にしている者にも等しく交付金が支払われることになる。

それに、受け取る農家側にも不満がないわけではない。これまでは、生産調整に参加しない農家には、麦やダイズを作付けしても、補助金は支払われなかった。転作作物に主眼が置かれていなかったためだ。しかし、戸別所得補償制度の導入後は、生産調整に参加しない農家にも補助金が支払われる。

面白くないのは、それまで生産調整に同意し、たくさんコメを作りたくても一定数量までしか作れなかった農家だろう。そのために失った、本来得られたはずの利益は補償されないのだから正直者がばかを見る制度という声さえある。

しかし、当時の赤松農水大臣はあくまで次のように主張した。

「従来のコメの生産調整は、生産調整達成者のみに麦・ダイズなどの助成金を交付する形で進められてきた。だが、それでは十分な効果が得られないため、生産調整に参加しない人々に対して、さまざまなペナルティを課して差別的な扱いをしてきた。今後はコメの需給調整はコメのメリット措置により実効を期し、麦・ダイズの生産は規制から解放される」

だが、この戸別所得補償制度は従来の農家の保護政策からＪＡの存在を取り除いただけで、高齢農家に対する延命措置にしかならないのではないか。

この制度は日本農業の開国を前提とするものだが、開国が一向に進まないのが現状だから、単なる選挙対策の一環と捉えられても不思議はないだろう。従来のＪＡが蚊帳の外に置かれても、政府と農家が直接やり取りをすることから、「第二のＪＡ」が生じる可能性も否定できない。

「農業は農家に任せる」という家族経営的発想のもとで続いてきたのが日本の農業だ。戦後七〇年を経て、もはやそれが立ち行かなくなっているにもかかわらず、このままでは、結果として現状を温存することになる。「リセットする」という言葉は軽率に使うべきではないが、現在の日本農業に求められているのは、まさにリセット――発想の大転換である。それができない限りは、自給率向上のための戸別所得補償制度も、「絵に描いた餅」にしかならないだろう。

もらえるものはどこからでも何でももらう、という農家の姿勢にも問題があるかもしれない。「この程度の補助ならなくてもやっていく」という気骨のある農家がないことも寂しいことではないか。

13　やはり変えるしかない農地法

農家しか農地を所有できないのが日本の農地法だが、日本以外の国では、農地はどのように扱われているのか。

たとえば、イギリスの場合は、誰でも農地を買うことができる。それこそ、昨日まで会社勤めをしていた非農家のビジネスマンが、「農業をやりたい!」と思い立ち、農家から農地を買う（すなわち、所有する）ことが可能だ。ただし、農地の使用については厳密なチェックが入る。農地として適正に使用すると偽り、そこに家やマンションを建てたり、駐車場にしたりすると、厳しい処分を下される。農地所有者は関係機関の厳しい監視下に置かれ、違反行為を犯すことが困難になっている。

イギリス同様、アメリカやフランス、オーストラリアなど、「農業大国」と呼ばれる国々も、原則的に、誰でも農地を所有することができる。

これらの国と比較して日本はどうか。農地改革で、農家は農地をほとんどただ同然で手に入れ、あげくのはてに多額の税金を投入し土地改良した農地を潰して、マンションを建てたり、駐車場に変えたりすることに対して、特別な罰則はない。規制はゆるい、といえるだろう。

日本の農家が農地を売却してマンションを建てようとする時、まず農地を農地以外（この場合は、宅地）に地目を転換することから始まる。その際、農業委員会に農地を非農地に転用する許可を申請し、委員会は農地転用によって、その地域の農業維持に支障が出ないかどうかを調査するという建前になっている。

農地が市街化区域（すでに市街地を形成している区域。あるいは、一〇年以内に優先的、計画的に市街化を図るべき区域）内にあれば、農地以外への転用は問題なく許可される。対して、市街化調整区域（市街化を抑制すべき区域）内にあれば、転用は許可されないことになっている。

しかし、これはあくまで原理原則である。農業委員会は、マンション建設によって地域の発展、人口増加といった活性化が期待できると判断すれば、転用を許可する場合も少なくない。つまり農地を守るはずの農業委員会は、申請があればそれがどんな区域にあろうとも、農地ではなくなった土地については農業以外への転用、農地所有権の非農家への移転を認めてきた。

その一方で、農地としてならば、その所有権の農家以外への移転を法律で認めないというのはなんという矛盾、不合理なことであろうか。

こうした農地の農外転用面積は毎年一万四〇〇〇～一万五〇〇〇ヘクタールに上る。その一方で、農業に参入してくる非農家は毎年一五〇〇～一六〇〇人であるが、彼らに対する農地の移転（ほとんどは農地貸借）面積は一人当たり一ヘクタールには遠く及ばず、せいぜい三〇アールだ。

農地以外の目的利用のためには農地の非農家への所有権移転が認められ、農業に参入しようとする者への農地としては所有権が認められない農地制度とはいったい何なのだろうか？　結局は制度の欠陥のためであり、これは改めるべきである。農地法を抜本的に変える以外に、解決の道はないのではないか。

とくに今回の東日本大震災による被害を受けた東北地方では、農業土地利用のあり方を根本的に変え、農家を株主・経営者・オペレーターとするくらいの思い切った株式会社経営型の大規模農場の育成をしてほしい。

14　保護政策を裏切り続ける農家

農地を所有すらできない非農家が存在する一方、農家は容易に農地を非農地に転用し儲けることができる。これは農家の保護政策に対する裏切り行為ではないのだろうか。農地の転用を許す前に、その農地を利用して、ほかにその農地をほしがる農家がいないかどうかを調べるのが農業委員会の本来の仕事ではないのか。

もし既存農家の中で担い手が見つからなかったら、非農家に募集をかける、そして、もし非農家の中に農業をしたい者がいたら、適性等を審査し、教育し援助する。これが農家や税制の恩恵を受けている農業団体のやるべき本来の仕事ではないのか。だが、このような当たり前のことが現実の農村では通らない。

さらにドロドロした話がつきまとうのが、都市に農地を持つ農家の相続問題だ。

農業に関心のない農家の子どもにとって、農地はいつかは懐に入る財産として映る。親にはある程度の資産があるとその相続税の負担がかさむ。そこで納税のために、農地を非農地に換えて売りたいという衝動が起こる。生前贈与を行うことも少なくないが、子供は農地として相続しても価値はないと思っている。いかようにも使えて、地価が格段に違う非農地がほしいのだ。兄弟姉妹がいる農家の場合、非農地と農地の土地の分け方をめぐって、兄弟同士の醜い争いが起こることもまれではない。

農地は農業のためではなく、農家の子どもの経済的欲望の的や、はけ口となって消えていく。これが都市農地の多くが歩んできた経緯だった。それら農地の保全のためにいったいいくら税金が投入され、そして反故にされてきたことか。

農地が農地として非農家に対して所有権が移動できないシステムとなっているのは、それができると、安い税金で保護されてきた農地がもはや農地ではなくなり、単なる土地となったために、本来入ってくる不動産売却利益という甘い不労所得がなくなるからだ。

政治家が目を付けたのはこの点で、農家を票田とするため、農地制度を農家の既得権益として温存するための政治を行ってきたのだ。この農地制度は、結局は国民や消費者のためではなく、票田となる農家のために温存された巧妙な隠し技だったのだ。国民や消費者は、このことに気付かなければならない。

15　農地に向かう大型スーパー

農業を継ぎたがらない世代が増え、後継者不足に悩む既存の農家。売るにも売れず、放棄できずに余り始めた優良な農地に目を付けたのが、大手スーパーマーケットだ。

二〇〇九年七月、大手スーパーマーケットのイオンは、農業分野に本格的に参入すると発表した。同年九月、茨城県牛久市で野菜の生産に乗り出し、全国展開も視野に入れた活動をスタートさせた。そこでは、農家から農地をリースし、そこで栽培したコメや野菜を、イオン独自のＰＢ（プライベート・ブランド）農作物として販売している。

農作物を栽培しているのは、もちろん農家。それをイオンがPBとして買い上げる。イオンのような特定のスーパーマーケットと契約し、その仕様に沿って農薬や化学肥料の使用を抑えた農作物を栽培・供給している農家を「契約栽培農家」と呼ぶ。

農家にしてみれば、どこからか突然やってくる素性の知らない個人の非農家出身者に農地を貸すよりも、イオンのような信頼性の高い大企業に貸す方が安心できるし経済的メリットも大きい。何より、担い手が少なくなった農地を無駄に遊ばせなくても済むどころか、高い地代と労賃が入る。

スーパーマーケットも直接農家と取引することで、大量仕入れや中間マージンのカットによる販売価格の引下げが実現し、通常よりも二〜三割ほど安い価格で農作物を販売できる。節約志向を強める消費者のニーズに、販売側はしっかりと応えられるのだ。また、消費者の食の安全・安心の意識が年々高まっていることも、スーパーマーケットの農業、というより農地進出の大きな要因である。

トレーサビリティ（traceability）が普及した今日、商品となる農作物のパッケージやラベルには、契約農家の名前や所在地が記載されている。作り手の顔が見える——安心できるブランド農作物を生産・販売することで、「食への配慮が行き届いたスーパーマーケット」という好イメージを消費者に植え付けようとするねらいがある。

イオンの岡内祐一郎執行役は、「お客様に、生産から販売までの履歴を完全に公開できるようになる」と、記者会見の席でコメントしていた。

イオンのライバル、セブン&アイ・ホールディングスも、二〇〇八年にJAと提携し、農業生産法人を設立。千葉県内の店舗でPB野菜を販売し、規模を拡大中である。また、農業生産法人にスーパーマーケットが出資しているケースもある。とはいえ、企業の出資比率は一〇%程度であり、中核をなすのは農家とJAである。

このような企業と農業の関わりをさらに推し進めたのが、企業の直接的な農業への参入で、企業主導型の農業である。たとえば、先月までスーパーマーケットの売り場で働いていた従業員が、農家で一定期間の研修を受けた後、農作業に従事する。企業主導であれば、高校や大学で農業を学んだ非農家出身の若者も、その知識や経験を現場で生かすことができよう。

一方で、こうした企業の積極的な農業参入に反対する声も多い。反対論者の大半は、農地法の支持者である。

「企業に農地の所有など認めたら、投機の対象にされるかもしれない……」――彼らは、そう懸念している。先祖伝来の農地を、金儲けのために蹂躙されてはかなわない、という発想だ。しかしそれを心配するのは、農家自身より、保護されたビジネスを失いたくないJAだ。

確かに、その危険性はゼロではない。しかし、それならば農家とJAが協力し合い、企業による農地の投機転用を監視・規制するシステムを作ればいい。そのためにこそ農業委員会や政府の農地管理行政を担当する部署が存在するのであり、企業がルールを守らないのであれば、それらに厳しい処分を下せば済む話だ。やみくもに企業の参入を反対するだけでは、自分たちにはチェック機能がないことを自ら明言しているようなものだ。

もちろん、企業主導による農業にも、今後ビジネスとして成功するか否か不透明な部分はある。投資額は大きいし、高品質の農作物を安定的に作り続けるには、高い技術と安定した市場が必要だ。農業技術は経験に頼る部分が多く、習得には時間がかかる。研修を受けたからといって、販売員がいきなり良質な野菜を栽培することなど不可能に近い。さらに、機械化が進んだとはいえ、農業は重労働が多いので、定着率もそう簡単に向上するものではない。

だが、「異業種」の参入により、衰退の一途をたどる日本農業が少しでも活性化されるのであれば、長いスパンでこの取り組みに注目していくべきだろう。

国内市場が心配なら、巨大市場は海外にあることにも注目すべきだ。日本産農産物の人気はシンガポール、中国、香港などでは非常に高い。日本から輸入された一個一三〇〇円のリンゴを中国の果物専門店で見たときは驚いたものだが、売れるのだ。コメもスイート・コーンも必ず売れる。なぜなら、日本産のようなおいしいコメや甘いコーンはないからだ。アジアの富裕層は、日本人の生活レベルを超えているのが実態だし、その数は現在でも一億人を下らない。

大手スーパーなどとJAが組む企業形態は、一種の農外＋農業ジョイント事業である。これは好ましい可能性を秘めた組み合わせだ。しかし、もっと進んで、JAが農地を持って、直接農業経営に乗り出す方式がさらに望ましい。やや極端なことをいえば、もう金儲けだけのJAは要らない。いまのような農民搾取事業はやめて、JA自身で農業をおやりなさいといいたい。

16　日本の食料不安は消えない

日本の農業が抱える問題は、非常に根深い。農家を必要以上に保護し、保護漬け、補助金漬けにしてきた政府と、現在の既得権益を守ればいいと考える農家とＪＡ。ゆえに、高齢化の波と後継者不足に悩みながら、新規就農者には門戸を開放しようとしないこの三者の関係は矛盾に満ちたものになる。

一人当たり一〇〇万円程度の収入しかない日本の農業では、生活は成り立たない。ゆえに多くの農家は兼業せざるをえないのだが、むしろ本業である農業が片手間の仕事になりつつある。しかし、相変わらず政府は、「(弱者の）農家だから助ける」という意識しかない。

重くのしかかる諸問題の根源は、あまりに無策かつ前時代的な農政にほかならない。小手先の手直しではなく思い切った変革を断行し、現在の農政を文字通り「ぶっ壊す」ことでもしない限り、日本農業に未来はない。

また、農業を一般の産業と比較することも必要だ。日本の工業分野は国際競争にさらされ、生きるか死ぬかの戦いにさらされている。薄型テレビしかり、自動車しかり、携帯電話しかりだ。これらの商品に共通しているのは何か？　国内の購買力が凋落したため、海外市場に活路を見出し、そこで他国の企業よりも競争優位に立とうとしていることである。

それに比べ日本農業はどうか？　国内の購買力不足で産業基盤が成り立たないほど凋落して未来

がないとでもいうのか。そんなことはまったくない。日本農業は、国内需要の半分も満たせないでいる供給不足産業だ。

日本の農業は工業製品のように、高い技術に裏打ちされながらも需要が不足して四苦八苦しているのとはわけが違い、あり余るほどの買い手がいながらも、国民が満足できる商品を作れないでいる情けない存在なのだ。いわば落第生だ。落第生を増長させるような甘い点数をあげる教師がいるとすれば、それは教師失格だ。

この駄目教師の典型が、政府の進めている農家戸別補償制度だ。たとえれば、落第者が学び、それを甘やかしてますます増長させるしか能のない教師が教える落第学校、それが日本農業とそれをとりまく政治の現実であることを、多くの消費者はすでに気付き始めている。

では、このまま突き進めば、日本農業はどうなってしまうのか？　繰り返し述べているように、崩壊あるのみである。そしてすでに、それは始まっている。

日本農業は、もはや日本国内のみで計画し、生産し、消費する時代ではない。自給率を七〇％とか八〇％に上げることは、とうてい無理な話なのだから、「なんでも日本国内で賄う」という狭い島国的な発想を捨て、中国・韓国や東南アジアなど周辺諸国と共同して、食料安全保障を盤石にするような発想に転換をすることである。それが将来の日本のためにもなる。この問題については、次の章で詳しく述べたい。

第Ⅵ章　人間と自然の共生の回復、そして食料共同体

1　新型世界食料危機克服の処方箋

自然と人間が対立するようになったのはいつ頃からのことだろうか。古来、人間は自然に対する畏敬の念をもって大地の奏でる音色に合わせるかのように祭祀を営み捧げ、その恵みを刻んできた。筆者は古島敏雄先生の孫弟子に当たるが、先生の著作『土地に刻まれた歴史』（岩波新書）はそのような自然と人間の調和と旋律を描いた名著のひとつだ。

宗教から科学へ、人類の世界観が変化したことは、自然と人間の分離が始まる一つの大きな契機になったことはまちがいない。一六世紀において、たとえばニコラス・コペルニクスの地動説はなお宗教の力にかなわないものであった。それが大きく転換するようになったのはニュートンの万有引力の発見があった一七世紀ではなく、産業革命とダーウィンの進化論を経て、ようやく科学の応用が経済社会の原動力になりうることが認知された近代世界以降のことである。

産業革命で実証された科学の勝利は人々の暮らしや社会全体の仕組みを根本的に変える要因となった。人間にとって、科学の貢献は計り知れない大きなものとなった。

一方で、新しい社会全体の仕組みの変更は、資本主義的な市場経済を登場させ、企業の発展の過程で労使対立を生み出した。

そして、その申し子のように登場したマルクス哲学においては、人間は自然を超克し、自然の影響を排除して、自然を人間の支配下に置くという考え方が生産力主義と呼ばれるようになり、世界

【写真18】 守るべき青海省三江源の自然〔筆者撮影〕

をうずまく科学観として広まった。このときから、人間にとって自然は相対立するもののような存在として位置付けられるようになり、自然と人間との過酷で長い対立が始まったと考えられる。

そしてそれから二百年たった現在、鷹揚に構えていた自然があらゆる方面でついに牙を向いて反転に出始めたのだ。SARSやHIVなどの新型感染症の登場を吉川昌之助は「細菌の逆襲」と呼んだ。新型世界食料危機は、これらの自然と人間の対立を背景にしている。

ならば、人間はいかにすれば自然との共生に還ることができるのか？　それにはまず、自然と人間との対立という枠組みの中でなお異なる国家や地域、さらには民族ごとの自然と人間との対立関係を、意識や人間の経済社会活動の中で平準化する作業に取組むことではないのか。

具体的には、すでに取組まれていることだが、気候変動に関する政府間パネル（ＩＰＣＣ）、生物多様性を審議する国際会議（ＣＯＰ10）、地球温暖化防止国際会議、世界水の日などの環境保全のための国際活動、世界保健機関（ＷＨＯ）、国際獣疫事務局（ＯＩＥ）などの人畜の健康・医療管理活動のための国際活動、国連食糧農業機関（ＦＡＯ）、世界食糧計画（ＷＦＰ）、国際稲研究所（ＩＲＲＩ）、国際トウモロコシ・コムギ改良センター（ＣＩＭＭＹＴ）などの農産物・食料の安定的発展のための国際的取り組みのような活動を拡大していくことである。

こうした取り組みは広い意味で、自然と人間の対立の先鋭化を防ぎ、両者の共生を図ろうとする一面を担っている。

しかしこれら国際的な取り組み以外にも、例えばＥＵの共通農業政策は財政的問題を抱えてはいるが加盟国の農産物生産の国家間調整や農業技術の平準化、加盟国間の食料自給の確保などを通じた自然と人間との共生を図ろうとするソフトな一面を持っていると評価できる。この取り組みは、自然環境を守ろうという共通の思想が根底にあり、それなくして人類の持続的発展は不可能だという明確な意思を持っている点が最大の特長である。

ＥＵの共通農業政策はいまにも破たんしそうな諸問題をかかえてはいるが、その中からいい点を選んで日本や中国、そして同じように自然の恩恵を受けている多数の周辺国同士で同様の枠組みを作ってみようではないか。

もとより、自然の力はあまりにも大きく、それとの対立や本来の姿を甘く見たところから生じた新型世界食料危機を克服するには、国際的に多様な取り組みをすることが必要である。

2　日本農業にも希望はある

これまで主に、「新型世界食料危機の時代」における中国と日本の農業の現状とその問題点について論じてきた。

次に新型世界食料危機の時代、日本の食料確保や海外との関係はどうあるべきか、という重要な課題について論じたい。もはや食料問題の解決には国境を越えて地球規模、最低でも地理的にまとまりのある数カ国以上の取り組みが非常に重要になった。

この点、現実はより迅速に展開している面がある。アフリカ、東南アジア、ロシアそして中南米など、もはや国内のみにとどまらず、海外に「新天地」を求め、次々と農業展開を行う中国。農業への進出のみならず、相手国でのエネルギー資源や希少資源の開発、自国製品の市場投入と、その旺盛なバイタリティーには常に驚かされる。

中国国内に目を向ければ、農業竜頭企業の台頭により、企業型の農業経営が急増している。竜頭企業が調達する農作物だけでも、金額にして二二兆円。二〇〇九年度の日本における農業総生産額の五倍以上の数字を叩き出している。一方で、こうした動きから取り残され、貧困に苦しむ旧来の農民も多数存在している。

こうした変化と停滞の二極化現象を抱えながらも、対外政策としての中国発の農業海外直接投資

【写真 19】 豊川用水〔筆者撮影〕

は、今後ますます勢いを増していくだろう。

そうした傾向は農地にとどまらない。中国では近い将来、まちがいなく深刻さを増す水や新鮮な森林・木材資源不足に対応するための、海外の山林を買収する動きとして現われている。その全貌は十分に明らかになっていないが、日本でも大きな話題となり始めた。

かたや日本は、食料や、穀物自給率の向上に成果がみられず、低迷に歯止めがかからない。昨今の「農業ブーム」など単なる時代のムードに過ぎない。

外へ外へと躍進を遂げる中国農業、内向きで補助金に依存するしかなく崩壊途上にある日本農業……。書きながら暗澹たる気持ちになってくるが、このまま日本の農業が変わらなければ、それが現実のものとなるのは時間の問題だ。

しかし一方で、日本人にとって希望もある。その希望とは、日本農業にはまだ二つの選択の途が残されていることである。

その一つは、食料安全保障を環太平洋諸国との国際協調のもとで構築するという途だ。国際協調とは、閉鎖的な関税同盟を形成することではない。関税同盟が、関税を下げる、なくすことが目的だとすると、結局は生産費の安い国の農畜産物が貿易上有利であり、競争力が劣る日本の農業は衰退する、ということになりかねない。これでは国際協調にならない。

国際協調体制の形成とは、その体制を形成する国々の中にある伝統や特徴を生かしながら、生産資源の有効活用と域内流通の円滑化を図ることである。

二つめの途は、自民党・民主党だけでなくあらゆる党派がこれまで避けてきた聖域に踏み込んで、制度の抜本的な改正を行い、日本農業の眠っていた潜在的能力を引き出し、体現化させることだ。

これまで繰り返し述べてきたが、日本の農業を蝕む要因の一つに農家しか農地を持てず、いかに意欲があっても非農家出身者は、事実上農地を所有できないと規定した「農地法」がある。

今や「農家」という言葉の定義は、お役所ですら曖昧にしてしまい、農業をしないのに農家として税金が優遇されたり、「販売農家」だの「主業農家」だの「準主業農家」だの「副業的農家」だのと、さまざまな修飾語を付けないと、誰がどんな農家なのかさえわからなくなってしまっている。

確かに、「農地法」には農家でなければ農地の所有ができないとは一言も書いていない。文面を読む限り、誰でも制限なく農地所有ができるかのようにみえる。官僚が書く文章は巧みだ。これは、いかに国民が理解できないような行政や法規の文章を作成するかに腕を磨いてきた、最も伝統のある農水省官僚が作り上げた典型的な法律の文章だ。

農水省の外郭団体に身を置いて、つねに農業関連法律や文書類に埋もれてきた経験のある一人としていえば、「農地法」は国民との距離が最も遠い法律ということができる。

3　農林水産省の危機

農商務省から数えて一三〇年の歴史を持つ農林水産省は、農地管理省と呼んでもいいほどである。農地が最も多かった頃（一九六一年）の六〇九万ヘクタールから一五〇万ヘクタールも減って、今ではわずか四六〇万ヘクタール（人口一人当たり四アールにも満たない）になった農地の所有制度を、現状のままに固定することに多くの予算を割いてきた。

しかも現在ある四六〇万ヘクタールのうち、耕作放棄地はこの一五年に倍増して、四〇万ヘクタールに及び、いまも年々増加している。これらの耕作放棄地にも、かつて基盤整備などのために多大な税金がつぎ込まれてきたのだ。その面積は、一〇〇〇ヘクタール規模の大規模農場が四〇〇もできる勘定だ。農地が足りない、自給率が低いと言いながら、貴重な土地資本を遊ばせておくだけというのはあまりにも能がない。

農水省には約二万二〇〇〇人もの職員がいるが、その約七割は地方農政局に勤務する。それでいて、熊本市に設置されている二五〇〇人以上の職員を擁する九州農政局（沖縄を除く九州各県を管轄する農政事務所がある）は、二〇一〇年四月に宮崎県で発生した口蹄疫の被害拡大の食い止めに手間取って批判を浴びた。

国家予算が底をついている現在、本当にこんなに多くの職員と二兆四〇〇〇億円もの国家予算（二〇一一年度当初予算）が必要なのか、という疑問が国民の間から湧きあがってくるのは、自然なことである。

農水省以外にも農水省の傘下の農業関係団体には、独立行政法人、公益社団法人、公益財団法人といったぶら下がり組織が数え切れないほどある。中には、農水省予算が事業資金のかなりの部分を占めているところもあるようだ。しかもこれらの団体の常勤役員には農水省のＯＢが就任することが多く、年間の報酬は一〇〇〇万円を軽く超え、しかも団体間のいわゆる「渡り」を繰り返して退職金稼ぎをしている者さえいる。事業仕訳けであぶり出されたいくつかの無駄使い団体はその典型だ。

もちろん、こうした農業団体が皆、農地法の関係組織というわけではない。しかし、原則的には誰もが農地を所有できそうな一見単純そうな書き方をしながら、実はそうではなく、幾重もの複雑きわまりない許認可業務が隠されているところに、多くの職員や関連組織を抱えなければならない理由の一つがある。

さらに、中央官庁だけでなく都道府県や市町村の農業関係担当部署でも、中央官庁の下請機関として、同じような業務を担っているところがある。

筆者の前著『農民も土も水も悲惨な中国農業』でも、農家しか農地を持てない実状とそれが農地法によって補強されている事実を指摘した。それに対して、「農地法には農地所有資格者の制限はない。しかも二〇〇九年に改正され、さらに規制緩和が進んだ。だれでも農地所有が可能だ」という趣旨のメールをＪＡの全国団体の職員からいただいた。

ＪＡ団体には、日本農業の将来を憂え、自らの仕事が日本農業の発展に貢献するのだと信じるまじめな人が多い。そのメールは、そのような人が、私の言い分は間違いだと指摘するつもりで送ってくれたもので、ある意味で感謝している。

だが、農地法第三条第二項には次のような規定がある。私が問題にしているのは、これが事実上、今の農家以外の個人が農地を所有しようとしても不可能な、少なくとも非常に厳しい法的規制になっているという点なのである。

①農地を所有するには、すでに「事業に必要な機械の所有」（第二項第一号）が十分だと地域の農業委員会が認める者でなければならない。

②農地取得後の農地の総面積が、北海道では二ヘクタール、都府県では五〇アールに達する者であること（同第五号）。この面積は、地域の農業委員会がその地域の実情に応じて小さくすることもできるが、大都市部で一〇アール、近郊農村で三〇～四〇アールが一般的だ。

この二つの条件は、農地を所有して農業に参入しようとする場合、すでに、一定の農業機械を「所有している者」でなければならないこと、同じように農地を所有しようとすれば、農業委員会が指定する最低面積を、すでに経営または所有していなければならないことを意味する。簡単にいうと、法律には書いてないとはいえ、実質上、普通のサラリーマンが会社を辞めて農業に就こうとしても最初から農地を所有することはできないのである。

そして農地の所有を許可するかどうかの判断は、原則として地域の農業委員会が行う。この委員会は、「農業委員会等に関する法律」によって組織され、委員は地域の農家であることが条件となっている。委員は農家の選挙によって選ばれるので、新しく農地を所有して農業に参入する人に対しては概して冷淡だ。全国農業会議所という農業団体によると、その傘下に当たる農業委員会は全国に一七三二あり、委員の数は三万六三三〇人もいる（二〇〇九年）。農業委員会の上部機関は都道府県農業会議というもので、全国に三段階の典型的な屋上架屋組織といえる。

一定の条件の農業機械を所有していなければ農地を所有できないこと、すでに一定面積以上の農地を経営していなければならないこと、という規定は、農業参入を阻害する規定以外の何ものでもないのではないか。

仮に、法規が規定する最低面積の農地をすべて買うとなれば、一〇アール当たり水田で九〇万円、畑で五〇万円（近年の全国平均価格）なので、三〇〇万円から四〇〇万円という多額の資金が必要となる。さらに、農業経営を始めるにはその他多額の運転資金、設備資金等がかかる。そのうえに、農地を購入するとなれば、農業参入者にとって大きな経営上の圧力となる。しかも日本の農村社会では、農地を所有することが農業経営者として地域に受け入れられる最低の条件だ。

各種の農業政策上の恩恵が受けられる「認定農業者」としての採用、農業用水の確保やその他の土地改良事業（主な事業主体は全国の隅々まで配置された五、一五〇の土地改良区。ＪＡと並ぶ自民党の支持組織）への参画、ＪＡ正組合員資格の取得（事実上、農地所有者であることが条件）、農業政策金融や民間金融の利用（担保等の負担能力面）、地代負担、灌漑事業負担などの面からも、農地所有は絶対的な条件だ。

しかし、その農地所有が初めからできないとなれば、「農地法」は、〝農地独占法〟以外のなにものでもないことになる。

4 「生産農協」法律化に一六年

二〇〇九年の農地法改正では確かに大きな前進をみた、喜ぶべき点が一つだけある。それは、JA（連合会を含む）が農地の貸借により農業経営事業を行うことが可能となった点だ。農民が組織するJAが農業経営を共同で行うことは、労働力の節減、農地や農業用水の効率利用、施設の節約、ブランド形成、安全な農畜産物の生産、食品加工、地域振興などの面で意義がある。

この点は、筆者が『生産農協への論理構造――土地所有のポスト・モダン』（日本経済評論社、一九九三）で強く主張したことだった。この法律改正によって今回実現したことを主張する者は、当時まったくいなかった。この主張に対しては、JAが農業経営を行うなどということはありえないし、あってはならないという、まったく非合理・非論理的な多くの反論を頂いたものである。

この主張が法律となって実現するのに筆者が提唱してから、一六年という長い歳月が流れた。この小著の中で、私は資本主義社会における農業生産協同組合（生産農協）には二つの形態があるとし、その一つとして「小農的農家の個々の土地所有を前提に、その利用を一つの経営管理のもとに、つまり実質的に土地の共同利用という形態をもって経営を行う形態」とし、それをJAが行うことを想定した。

筆者の主張の一つが陽の目をみたのは、農業とJAをとりまく時代の流れそのものからの要請にほかならない。

そして今や、この旧態依然とした農地制度そのものにメスを入れるべきときがきた。これも時代の流れだと思う。

近年は、軽々と国境を越え、独自の方法で中国で農業経営にチャレンジしている日本の若者も増えてきた。日本農業の国際協調への萌芽と展開の始まりを示すささやかな例だ。これも嬉しいことである。次節で紹介しよう。

5 中国に向かう若き農業経営者

愛知県一宮市に暮らすKさん（三二歳）は、地元の進学校から関西の有名私大に進学、二〇〇三年に卒業し、IT関連の会社で三年間働いた。就職氷河期といわれた頃の大卒者だ。会社に三年間勤めたが、自分にはサラリーマン生活は合わないと感じ、二〇〇六年脱サラして、秋田県大潟村で人材派遣会社大手のパソナが実施している農業インターンプロジェクトで農業技術を学んだ後、やはり中国農業を志し、中国各地を旅行した。ようやく生家で就農をしたのは、二〇〇七年だ。脱サラしてすぐ就農という短絡的な行動はとらず、入念な準備を経たうえでの就農だった。

自分で起業したいと思っていたKさんは、関心のある中国を旅していたとき、過去にアモイで農業を興し失敗した一人の日本人と上海で偶然出会った。彼の話を聞いて、Kさんは委縮するどころか、ますます挑戦意欲を刺激され、自分も中国で農業経営を始めようと心に決めた。

現在は、愛知県の約三ヘクタールの農地で、主力のイチゴ栽培（二〇アール）のほか、稲作（二・五ヘクタール）などで年収一〇〇〇万円をあげている。今では、二〇〇九年一〇月に設立した資本金三〇〇〇万円の株式会社の社長でもある。農作業の傍ら、名鉄や三越に出店する洋菓子店のシフォンケーキの素材として、イチゴ、ホウレンソウ、イチジク、サツマイモ、カボチャ、茶、米粉などを提供し、ケーキは香港での販売を目指して、国が主催する貿易振興のための展示会ブースに出展している。

最近、Kさんは、上海で大きなプロジェクトに取り組み始めた。二〇一〇年一〇月、上海市農業科学院の農場が、日本原産のイチゴ栽培を始めたのである。そのために一棟一四〇平方メートルのビニールハウスが合計二〇棟建設され、そのうち四棟がKさんに無償で貸与されたのだ。

Kさんは、そこでイチゴ栽培の試験研究をし、技術指導を行う。その代償として、地代を払う必要はない。Kさんが負担するのは上海までの交通費だけで、たまに行って指導をするだけでいい。さらに、売上げの二〇％くらいを還元されるという話だ。栽培時期は一月から五月までで、日本の六〇％程度の収量を見込んでいる。

現地での売値はよい。三〇〇グラムパックで六八元（約八八四円）。販売先は上海市の虹橋・古北地区で、日本人が多く住んでいる。五万人以上の日本人が住む上海ならではの作戦だ。外国人定住人口は一五万人といわれているが、そのうち日本人が最多を占める。したがって中国価格ではなく、

【写真 20】 上海のＫ氏の自営農場〔Ｋ氏提供〕

日本価格でも十分に売れると目論んでいる。

「作ったイチゴをベースに、ゆくゆくは果物店や飲食店など、いろいろな事業に取り組んでいきたい」――そう語るＫさんの大きな目は、さらに生き生きと輝く。

第Ⅴ章で、Ｋさん同様、脱サラ後、日本のある県で農業を始めたＡさんのエピソードを紹介した。ＪＡや農家から正当な協力を得られずに、憧れの農業から手を引かざるをえなかったＡさんと比べると、Ｋさんの農業転職は成功した例といえる。もっとも、彼の実家は農家だった。ハウス栽培も両親の農地を利用しており、恵まれた環境にあったことは確かだ。

そんなＫさんにも、事業を拡大展開していくうえで、どのような企業と提携するか、安心・信頼できるパートナーをどのように見つけるか、といった課題はある。また、香港は物価が高いので、店舗数を増やして数多く商品を置くにしても、それ相応の運転資金がかかる。商品の輸出入にかかる運搬費や渡航費などの資金を、いかに確保するかという経営上の課題も少なくない。

若き農業経営者の前途には、まだ幾多の困難が待ち受けている。だが、Kさんの視線はすでに「次」へと向いている。

6　若者を遠ざける日本の農地制度

なぜKさんは、中国で農業をしようと思うようになったのだろうか？　ここに日本農業の問題がある。それは、日本では、遊休農地が四〇万ヘクタールもありながら、専業で可能な限り農業を拡大していこうとする若い農家にとっては農地が集まらないという現実があるからだ。これは、矛盾以外のなにものでもない。

一方、農地を使っている農家はすべて真剣に農業を営んでいるのかといえば、残念ながら答えはノーだ。とくに平場で市街地に近いところにある農地ほど、スーパーや住宅地、道路などに転用される可能性が高い。このため自分や子弟が農業をしなくても、人に貸したり売ったりすることはためらう農家がほとんどだ。

なぜか。答えは簡単だ。

もし農地を借りた人がビニールハウスや施設農業を始めてしまうと、農外転用の話が急に持ち上がったとき、儲け話を逃がして後悔するからだ。今や都市近郊あるいは開発が進んだ地域では、農地は農業のためではなく、高く貸したり売ったりするための財産でしかない場合が多い。耕作放棄地や遊休農地とは、農業経営に真剣な農家向けにも非農業向けにも売ったり貸したりができない不幸な農地なのだ。

意欲ある農家が減った、やる気のある農家を育成せよ、と専門家や農水省は言う。しかし、優良な農地が集まらないで、どうして意欲とやる気が生まれるのか？　これは机上の制度や法律が、意欲ある者にとって、いかに現実離れしたものになっているかを物語っている。

農業に意欲のない農家の農地を保護し、そこに多額の税金がつぎ込まれる。しかしその農地は、やがて道路や宅地、スーパーの敷地や駐車場に代わる。そうした農地のために投じられた、農地改良補助や減反補助金などの農業予算は、どのように役立ったのか？　国民の税金はいったいどこへ消えたのか？

こうした疑問に答える者はどこにもいない。その典型は、GATT（関税及び貿易に関する一般協定）のウルグアイラウンド（一九八六〜九四年）の農業分野での合意の結果、農業団体などの反対を抑えたい政府が一九九五年にバラまいた六兆円余りの農業予算だった。その財源は、ほかならぬ赤字国債だ。

Kさんが中国へ進出しようとする大きな理由は、国内では農地が集まらないからだ。売ることも貸すこともなく、高く売れることだけをひたすら待ち続ける農家の財産、それが農地法で守られた農地の真の姿だ。

その背景に、日本の土地価格の二重制がある。同じ土地でも地目が農地か非農地かによって、地価には何倍もの差が出る。つまり、農地は安いのだ。なぜ安いか、それは農地の資産価値が高いと固定資産税が高くなるので、農家・JAが政治家に働きかけて安くしてもらっているからだ。

つまり、普段の資産価値はただ同然に安くしておいて、実際に売るときは資産名目を変えて、つまり非農地にして、高く売りたいという思惑の結果である。農民は農地を売るときは農地としてではなく、商工業または住宅不動産として売りたいのだ。農地が余っていても売れない、買い手がいても買えないのはこのためだ。

加えて、このような理不尽をそのままにし、「農業規模拡大は農地貸借で」などというお座なり行政が大手を振るう理由もある。税を安くしてもらい、農地売買によって儲けるときは儲けさせる。こういう農民のためには、十分過ぎるほど手厚い保護をするのが現在の農地制度である。JAと政権党の癒着の結果だとすれば、これほど納税者と消費者を小馬鹿にした政策はない。

7　加速する中国への農業進出

従来の日本の農家は、国内生産・国内販売というタイプがほとんどだった。はっきりいえば、農家にはそうした発想しかなかった。一方で、大企業がカリフォルニアに広大な土地を購入し、そこで栽培・収穫したコメを「カリフォルニア米」として現地の日系人に販売したり、オーストラリアの大農場で生産した和牛や黒豚、酪農品などを日本に逆輸入したりするといったケースにはこと欠かない。

たとえば国府田農場は、戦前アメリカに渡った日系人の三世が起こした稲作農場で、三三〇ヘクタールの水田を経営している。戦後、大規模経営の夢を追って、渡米した日本人の稲作農民も多い。国府田農場のあるカリフォルニアは、カナダに次いで日本への農産物輸出の多い州だ。そこには、コメのほかオレンジを始めとする柑橘類栽培を行う日本人経営の農場がたくさんある。地平線まで広がる平坦な農地を初めて見たとき、筆者の目はまばたきするのをしばらく忘れたものだ。

そのほか中国、オーストラリア、ニュージーランド、南米、フィリピン、タイなどでも日本人は農場経営を行っている。とくにオーストラリアやニュージーランドでは、大規模な肉牛飼育の開発輸入を行っている。

一例だが、太洋物産はその先駆的な日本企業で歴史も長い。中国ビジネスの経験も豊富であり、鶏肉開発や牛タン輸入など食品事業にも進出している。最近の売上げ（非連結）はやや低下しているが、二〇一〇年九月期決算では約四〇〇億円である。このほかにも中国に進出している食品企業はたくさんあるが、日本向けの海外農場面積を合計すると、日本国内の農地面積の三倍に達している、とみる人もいる。

しかし、これは資金力のある企業だからこそできることであり、Kさんのような農家出身者が、個人で日本のフルーツを海外に広めようといった動きは、これまであまりみられなかった。国内生産→国内販売がオールドタイプの農家だとすると、国外生産→国外販売、あるいは国外生産→輸出販売はニュータイプの農家である。

Ｋさんは、実家が農家であることのアドバンテージを利用して、国内生産に満足せず、中国を目指したのである。事業拡大のため、実家の農地だけでは足りないので中国に土地を借り、そこでも農業を展開しようと決意したのだ。事業基盤を中国に移し、そこで農地使用権を入手する。日本の技術を生かして栽培した高品質の農産物を、現地の人びとに食べてもらう――。これはまさに、従来の日本の農家にはなかった発想だ。

そもそも農家が中国マーケットに注目することなど考えられなかったし、農民個人がベンチャービジネスに取り組むこともありえなかった。ＩＴ技術が高度に発達し、日本中どこからでも海外の情報を容易に入手でき、あるいは、自らの情報を発信できるようになったことも、Ｋさんの中国進出に大きく貢献していることはまちがいない。中国では、なお情報収集には制約があるが、現地の知人から送られてくる情報は非常に役立つのだ。

中国側でも食品マーケットの拡大、増加する富裕層の高級志向（すなわち、品質が優れていれば高くても売れるという意識の高まり）など、さまざまなプラス要因が整ってきている。とりわけ中国の富裕層は、高価で美味な食べ物を食べることで、自らのステータスシンボルを他人に示したいという意識が強くある。

消費者の食生活の水準が向上し、消費のためのインフラが整った好機に、Ｋさんのビジネスはうまく「乗った」。だが、そうした幸運を引き寄せたのは、やはりＫさんの意欲と柔軟性、そして努力にほかならない。

8　増える中国の日本人農業経営者

Kさんのように、従来の日本での農業に飽き足らず、まだ見ぬビジネスチャンスを求めて海外へと飛び出していく若者は、今後ますます増えていくだろう。「中国で日本の技術を使い農業経営をしたい」「中国の農民専業合作社の経営コンサルタントをしているが情報がほしい」「中国の農業ビジネス情報を発信する会社を経営している」「農業竜頭企業の業務に関心がある」等々の理由で、筆者に助言や情報提供を求める日本人や企業が増加していることからもその点がうかがわれる。

日本の農地法によって身動きのとれない日本の農業に早々と見切りを付けて、アメリカや中国、アジア、南米などで農業を経営している日本人たちはすでにいる。彼らの中には、非農家出身者もおり、日本では考えられない自由な発想で、文字通り儲かる農業経営を推進している人もいる。そうした現実に即した理想を海外市場で実現しようとする若い農業経営者に、日本政府はそれなりの支援をしようとする気配もあり、評価できる。

たとえば、中小企業基盤整備事業の中に農商工連携事業という制度がある。これは文字通り、農業生産、販売、食材加工などを一体的に取り組む事業者に補助金を与える制度だ。Kさんは、シフォンケーキを香港で販売する計画を実現するため、この補助金申請を検討した。しかし海外で事業を展開するような場合、実際の補助金の交付は簡単ではなさそうだ。

Kさんの方向性は、今後の日本農業のあり方を示している。つまり日本の農業は国内のみで展開していくのではなく、国内はもちろん周辺の国々も、生産と消費の対象としてみなす広域的な考えに切り替える必要がある。

Kさん以外にも、たくさんの日本人農業経営者が中国各地で頑張っている。彼らの多くは、日本での農業経営を諦めた人たちだ。現地で話を聞くと、農地取得や水の確保から販売ルートの確立、信頼の構築まで山ほどの苦労話が出てくるが、すべてに共通するのは、日本農業にはまったくといっていいほど未練も憧れも羨ましさも持っていないということだ。

彼らの最大の強みは、技術があり現地の中国人社会とのつながりがあることだ。またそれほど多くの資金がなくても、初めからそこそこの農業ができることにある。もちろん、お金はいくらあっても困らないが、初期投資は同じ規模の農業経営を日本で始める場合の数分の一で済むのだ。

中国や韓国といった北東アジアの国々はもちろん、ベトナム、カンボジア、タイ、ミャンマー、フィリピン、インドネシア、シンガポールなど、東南アジア諸国にも目を向け、それらの国々で日本農業が培ってきた優れた技術力を生かしていく。それこそが、新型世界食料危機を克服するために二一世紀の日本がとるべき、新しい農業、新しい食料の供給と需要形成のあり方ではないか。

9　日本は環太平洋食料共同体（TPFC）の起点

WTO（世界貿易機関。貿易の自由化を進める協議体）が機能しない現在、日本経済にとってTPPやFTA（自由貿易協定）の推進・拡大は生命線だ。だがこのことを最も忌み嫌っているのが農業団体、とくにJA組織だ。TPPやFTAを締結すると、安い農産物が大量に輸入され、日本農業は存続できない、と彼らは主張する。

事実はそうではない。彼らが最も恐れるのは、自分たちの組織や儲け仕事がなくなることなのだ。そしてその背後には、一世紀以上も農政を独占してきた既得権益を守ろうとする官僚組織機構が累々と連なっている。

他方、中国は東南アジア諸国連合（ASEAN）とFTAをすでに締結し、二〇一〇年一月から発効させた。中国のスーパーの食品売り場にいくと、熱帯産の青果物がところ狭しと並び、輸送管理上の問題からか品質がやや悪いものでも、消費者はお構いなく籠の中に放り込んでいく。これによって、中国農民は相当の影響を受けたことは間違いない。

中国の農家には、日本の農家と違い、駐車場やアパート経営、常勤のサラリーマンなどと兼業する農家はほとんどいない。沿岸部の一部の農家のみが、地方からきた農民工や農作業のためにやってきた貧しい農民に部屋を貸すなどして、経済的な豊かさを享受している程度だ。大多数の農民は農村でひっそり暮らすか、都会に出稼ぎにきて差別されるかのどちらかだ。FTAの影響はもろに受けるはずである。

それに対して、日本の農家は幸か不幸か長い間、外圧から守られている。にもかかわらず農業後継者がほとんど育たず、存亡の危機にある。今後もいままでと同じ路線を進むつもりなのだろうか？　だが何のために？

こうした疑問に対して出される答は、いつも紋切型で同じだ——「農家が潰れる。自給率が下がる。日本人の食卓が危ない」

そう、確かに「農家」は潰れるかもしれない。しかし「農家」が潰れても家庭は潰れない。なぜなら、全農家のうちの約一割、つまり一部の農家を除いては農業が潰れても困らない「農家」がほとんどだからだ。

すでに大部分の農家は高齢化し、農業者年金をもらうか、自分も子どもも兼業あるいは会社勤めをしている。それらの農家の農地は、他の農家や農業企業あるいはＪＡの農業経営に渡せばいい。そうなれば自給率は下がらず、経営コストも下がり、食卓も困ることもない。海外の安価な農産物との競争にも耐えられる。

そのためには農地法改正とともに、農業の国際協調体制を築くことも必要である。日本はほとんどの分野で国際化を達成したが、農業だけは鎖国状態に等しい。これを開放することを、二一世紀の国家的目標とすべきである。国際化をさらに進展させるには、農業だけを海外から守る例外にできないし、合理性にも欠ける。

農業生産・流通・消費の国際的な共同体を形成することなしに、食料の安全保障を確保することはできない。その過程で、もし苦境に陥る農家が生まれる場合には、政府が必要な範囲で補償するなど激変緩和措置をとればいい。

日本、中国（香港を含む）、韓国、ＡＳＥＡＮの国際協調体制を指して、東アジア共同体と称される。だが、名称に「東アジア」という冠が付くが、地域を地理上の概念そのままに東アジアにする必要はない。国際政治や経済のグローバル化、農産物貿易を中心とする国際経済活動の実態を考慮

【表9】 主要農産物の地域内調達率（2005）

（単位：%）

	日本	中国	韓国	カンボジア	インドネシア	マレーシア	ミャンマー	フィリピン	ラオス	シンガポール	タイ	ベトナム
トウモロコシ	3.7	96.4	2.2	100.0	87.9	28.8	99.9	99.9	99.6	63.6	99.4	92.0
小麦	14.2	91.6	9.7	0.0	1.8	0.4	57.6	12.5	0.0	0.1	0.8	0.0
コメ	100.0	100.0	99.7	100.0	100.0	100.0	100.0	99.9	100.0	100.0	99.6	100.0
大豆	7.6	43.9	14.2	100.0	39.6	0.8	-	2.0	-	-	14.0	98.1
豚肉	59.4	99.8	84.7	100.0	100.0	99.5	100.0	99.6	100.0	37.3	100.0	100.0
鶏肉	79.4	97.6	94.7	100.0	99.9	98.2	100.0	96.8	100.0	47.5	99.7	89.9

〔資料：FAOSTATより筆者作成〕

した方が現実的ではないかという意見もある。

二〇〇九年五月、私は東アジア農業共同体という構想を、「日経ビジネスオンライン」にインタビュー形式で発表する機会を提供された。インタビューの掲載されたページには、一日五万回というアクセスがあったという。その反響は非常に大きかったが、中に重要な指摘があった。

その概要は、「農産物貿易の最大の相手国であるアメリカを除外する農業共同体は日本にとっては問題だ」というものだった。共同体とはどこかの国の貿易の実情を中心にするものでなく、全体の利益を考慮しながら地域のあるべき方向を目指すべきものだと筆者は考えていたので、日米が飛びぬけた農産物貿易量を持つからといって、アメリカその他の環太平洋国家を加えることに躊躇していた。

しかし、これは地理的な概念に拘泥し、日本や韓国の農産物貿易の実態を軽視するもので、現実的ではないということも事実だ。

さらに東アジア各国が東アジア域内から調達している割合（域内調達率）をみると、主要農産物に限っただけでも、品目ごとに大きな差がある。【表9】は、各国の基幹品目は域内で高い割合で調達できているが、域外に多くを依存している品目もあることを示している。

たとえば、コメは各国ともほぼ一〇〇％、豚肉や鶏肉の割合も高い。その一方で、日本と韓国のトウモロコシ、日本、中国、韓国、タイなどのダイズ、日本、韓国、その他東南アジア諸国の小麦などは域内調達率が低い。

こうした点を重視して、日本、中国、韓国、東南アジア（以上、東アジア）に、オーストラリア、ニュージーランド、NAFTA（アメリカ、カナダ、メキシコ）を加えて、東アジア＋5として、これを「環太平洋食料共同体（TPFC）」と呼ぶことにしたい（水産物を除く）。

ちなみに、環太平洋食料共同体の二〇〇六年の農産物貿易額（域外貿易を含む）は三一〇四億四七〇〇万ドル、うち輸出は一五〇七億五五〇〇万ドル、輸入は一五九六億九〇〇〇万ドルで、世界貿易の三〇％以上を占める。なお収支の赤字が八九億三六〇〇万ドルとなっている。

次に【図9】から環太平洋食料共同体の農産物貿易の実態をみると、おおむね農産物貿易の過不足を地域内で調整できる貿易圏となることがわかる。同時に、日本がいかに突出した農産物輸入大国であるかという点がみてとれる。

日本のこの巨大な農産物輸入の赤字は、世界最大級の農産物輸出大国を含む環太平洋食料共同体の黒字をもってしても補うことはできない。この事実からだけでも、日本が一国で自分の食料自給

【図９】　農産物貿易収支（2006）（100万ドル）

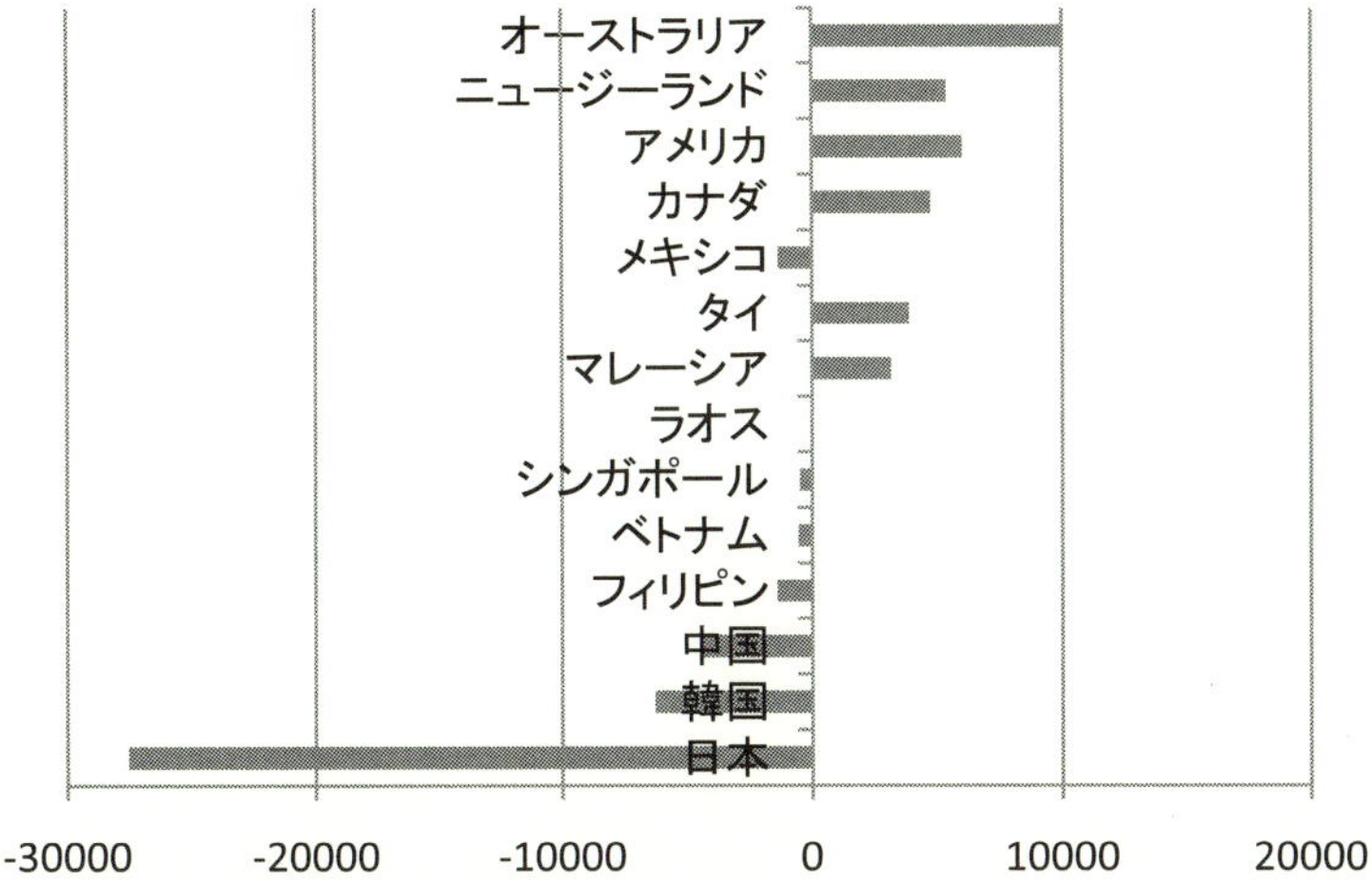

を賄うことが、いかに現実離れした発想なのか一目瞭然だろう。

　日本の役割は、環太平洋食料共同体形成に当たり、まずは中国、韓国、東南アジア諸国とアメリカ、オーストラリア、カナダといった環太平洋五ヵ国との接点となることだ。地政学的な観点や国際関係の日本の立場からみても妥当な役割であろう。

　一方、筆者は北朝鮮とも、できるだけ早く国交を回復すべきだと思っている。圧力をかけるだけでは、北朝鮮が大国の中国という抜け道を持っている限り、ほとんど意味をなさない。拉致問題解決の重要さや関係者の心情を思えば、北朝鮮を許してはならないことは当然である。だが、対立や制裁だけからは何も生まれないことは過去の流れから明白だ。

　国際関係で最も重要なカギは、感情をゼロまで抑制することではないか。だからもっとも効果的な方法は、形式や枠組みにとらわれない激論を通して、やがては相互理解に至る道を展望するテーブルを自らつくる以外にない。これは、国際社会の紛争に際して、人類が歴史から学んできた唯一の方法のはずだ。

10　TPFCとTPP

筆者が提唱するTPFC（環太平洋食料共同体）とTPPは異なる。TPPとは環太平洋戦略的経済連携協定のことで二〇〇六年に、シンガポール、ブルネイ、ニュージーランド、チリを構成国として発足、二〇一〇年一二月時点でアメリカ、オーストラリア、ペルー、ベトナム、マレーシアが加わり、この他、カナダ、コロンビアが参加を予定している。これに参加する国（予定を含む）は先進国や非農業国ばかりでなく、途上国や鉱業国、農業と工業を基幹とする国のように多様である。

その主たる目的は、あらゆる貿易・投資取引の関税の完全撤廃を、二〇一五年をめどに実現することで、複数国加盟の自由貿易協定である。ミニEUといってもよい。

TPPは農産物を含むあらゆる品目の貿易、サービスに関するルールを撤廃するものである。TPPとTPFCの関係国は【図10】のようになる。TPFCはTPP加盟国、ASEAN、オーストラリア、ニュージーランド、NAFTA（アメリカ、カナダ、メキシコ）からなる（一部重複）。図の内枠、日本（参加を想定）、シンガポール、マレーシア、ベトナム、ブルネイ、アメリカ、カナダ、オーストラリアは、TPPとTPFC双方に参加する国である。やがて、この二つの地域組織やNAFTAなどの既存の地域組織は一つになっていくものとして位置付けている。

ではTPFCとTPPの違いはなにか。それは、TPFCが加盟国間で食料（農産物＋加工食品＋食品添加物）の集団安全保障や食料の共同備蓄、国際分業調整を担うのに対し、TPPは前述のように特定の品目や産業を対象とするものではない点にある。

TPFCでは、国連の『標準国際商品分類』（SITIC）あるいは関税協力理事会の『関税協力理事会品目表』（HS）の標準商品分類コードを用い、農産物、加工食品、食品添加物に関するルールを統一して貿易を行うことにする。TPFCは農業、食料（たとえばSITIC．Rev．4の0と1が主）を取扱うこととし、それを【図10】のTPFC参加一八カ国が国際分業と貿易を行うのである。

【図10】　TPFCとTPP参加国

ＴＰＦＣ	ＴＰＰ
日　本	＜日　本＞
シンガポール	シンガポール
マレーシア	マレーシア
ベトナム	ベトナム
ブルネイ	ブルネイ
アメリカ	アメリカ
カナダ	カナダ
オーストラリア	オーストラリア
中　国	コロンビア
韓　国	ペルー
インドネシア	
フィリピン	
タ　イ	
ラオス	
カンボジア	
ミャンマー	
メキシコ	
ニュージーランド	

注：①内枠は共通国。②＜　＞は仮定の意。

本書の主眼はTPFCの樹立の提唱にあるが、ここでTPP論議についても言及しておきたい。TPP参加には賛否があるが、その代表的意見を要約すると次のようになる。

まず賛成する側の意見は、すでに現実化している日本の国内経済規模の縮小を還太平洋諸国の市場の一部に組み入れることで打開し、ヒト・モノ・カネが自由に移動できる経済圏を形成することである。そのために農業開放もさらに進めるというものだ。また、すでに先行している韓国や中国に追い付き、産業の国際競争力を高めるということである。しかも、構成国は概ね一定の経済水準にあるかそうなる可能性の高い国であり、日本との関係も深く、歴史・文化の相互理解が進んでいる国同士でもある。

反対側の意見は、TPPに参加すると日本の農業や地方の建設会社が壊滅する、という一点につきる。反対派は、日本農業を正当に評価しようとせず避け、ともかく現状を変えることを拒みたいだけであるかのようだ。そして統計的な根拠があるとして、反対派の後ろ盾になって勇気付けているのが農水省である。

いまや、JA、農業団体、農水省は、日本の食を守る組織から、自らの組織防衛勢力に変わってしまったようにさえ映る。日本農業をここまで衰退させ壊滅寸前に追い込んだのはどこの誰なのだろうか？　日本人すべてが抱くこの素朴な疑問に対する答えはない。もちろん農民にも責任がある。農業再建や改革には後ろ向きで、政党や農業団体依存が強過ぎた。

では、日本農業＝日本食料生産の担い手として、農民はJA、農業団体、農水省をどのように利用すればいいのか？　その答えは簡単である。

JAは農家組合員とともに、農業生産を事業として行うよう求めることだ。モノ売りや金貸しはあくまで付帯事業、本業はコメ、野菜、果物、畜産物などをJAとして作ることである。筆者のいう生産農協への転換を迫ることだ。JAは農家組合員の所有物なのだからやろうと思えばできる。そのためにも、農業で生きることを決めた若い農業青年を農協経営のトップに据えるべきだろう。

現在、ＪＡ組織には青年部や女性部といった組織があるとはいえ、ＪＡ経営にはまったく無関係で、たんなる親睦団体に過ぎない。

農業団体は、農業をやりたいすべての青年のために、農地を集め、整備し、技術を与え、長期低利の資金を貸し与え、ともに海外市場を開拓すべきではないか。

農水省は一定の農地面積確保策を残し農地法を廃止すべきであり、あとは、民間の自由な農地市場取引に任せることだ。あらゆるおせっかいから手を引き、農地の不正取引の監視、卸売市場の合理化、食の安全、農業の国際分業の推進、農産物貿易の監視など、現在の世界的課題に集約することだ。

11　食料不足の東アジア＋食料過剰の五ヵ国＝環太平洋食料共同体

鳩山政権の崩壊とともに、あまり注目されなくなったが、東アジア共同体（ＥＡＣ）という構想がある。こちらの方が、私の提唱する環太平洋食料共同体（ＴＰＦＣ）の先輩格でもある。東アジア共同体構想は鳩山政権が初めて取り上げたものではなく、一〇年ほど前から中国やアジア研究者の間では広範に叫ばれ、研究されてきたものである。

東アジア共同体は文字通り、東アジア諸国をブロック経済で統合し、ＮＡＦＴＡ（北米自由貿易協定）やＥＵ（二七ヵ国）に比肩する地域連合体を誕生させようというものである。各国、各地域間の多種多様な「違い」を尊重し、それを前提とした共通認識の形成を図ることが重要となる。

【図 11】　環太平洋食料共同体加盟国

しかしまず農業における共同体を作らなければならない、と筆者は考える。「新しい農業の形」を実現させるための組織――環太平洋食料共同体（【図11】）作りが急務なのである。

現状の農政で日本の低自給率を改善することは不可能に近い、と多くの人々が考えている。同時に、すでに本書で紹介したように、中国の国内農業の悲惨な現実を自国のみで解決するのも難しいのだ。

近年、食料自給率が五〇％を割った韓国の農業にも同じことがいえるし、さらに、韓国はアメリカとのＦＴＡ締結に踏み切り、二〇一〇年秋、米韓の大統領間で合意した。これで日本産業全体の国際価格競争力は韓国にも負ける可能性が濃厚だ。

東アジアや東南アジアのどの国をみても、一国で国民の食料をすべて賄っている国などもはやない。東アジアは実はアフリカと並んで世界中で食料が最も不足している地域なのだ。だからこそ、国境を越えた、環太平洋食料共同体の利益を追求するための共通政策の実行を検討する必要性があるのである。

この共同体の基本的骨格は、加盟国間の食料安全保障を担うことにある。新型世界食料危機を乗り切る新しい国際的枠組みである。

それは、【図9】でみたように、大量の農産物輸出能力を持つ国であるオーストラリア、ニュージーランド、そしてNAFTAを加えることで、加盟国間の食料の不足を補うという構想である。環太平洋食料共同体を、東アジア（食料不足国）＋環太平洋五ヵ国（食料過剰国）として、広域連合農業共同体を形成する単位とするのはそのためである。

12　農業国際分業を進めよ――モジュール型農産物貿易の推進

環太平洋食料共同体は、なぜ農業部門だけを対象にしようとするのか、疑問に思う読者も少なくないと思うので説明しておきたい。

WTOやFTA交渉において、最も政府間の対立が目立つのが農産物貿易問題だ。たとえば日豪、日米を想定してみればこの点は明瞭だ。オーストラリアやアメリカは日本に対して牛肉や穀物の関税の引き下げと貿易の自由化を要求する。とくにコメは、現在約八〇万トンの輸入を義務付けられた一方、約八〇〇%もの高関税の設定を許されている。アメリカからの牛肉輸入もBSE問題を持ち出して、輸入を制限している。これは事実上の非関税障壁と受け取られている。

一方、日本がオーストラリアやアメリカに売ることができる農産物は、品目的にも量的にも非常に限られる。このままだと、農産物貿易に限ると、日本の貿易は大幅な入超となることは当面避けられない。そこで、日本は農産物のこれ以上の門戸開放につながる貿易の自由化には消極的となる構えをとってきた。

そこで加盟国全体の中で農産物そのものだけでなく加工食品と農業技術や食品加工技術、食品の物流技術の普及を含む国際分業体制を構築し、加盟国の農業諸資源を有効に使いきる方法が生まれる。加盟国間で農地利用、農業技術、食品加工技術の標準化、食品加工安全基準、農業教育、保管・輸送システム、域内価格形成市場などを一定の範囲で統一・標準化することが環太平洋食料共同体の最大の使命だ。

それによって、生産と消費は徐々に標準化が進み、品質・安全面で優れたものは高く売れ、万が一、不作で供給不足に陥った場合は相互供給協定によって補い合うことができるようになる。一時的過剰の場合は共同体外に売ったり、あるいは備蓄に回すが、恒常的な過剰は臨時の価格政策によって調整する。必ずしも農産物の需要と供給を共同体内で完結する必要はない。

加盟国の求めに応じてその国の得意とする品目を複数選び、それを加盟国全体が優先して生かし、支える。そのためには、得意とする品目についての合意がとくに重要だ。日本だけでなく、どの国も、得意な農産物に徐々に特化できる環境が生まれれば、地域内の分業体制が徐々に出来上がり、将来は共同体内で完全な分業体制が完成する可能性が出てくるだろう。

生産費の高い日本のコメが、その味と安全に対する信頼性ゆえに、加盟国で売れる。というのは、この地域では中間層が大幅に増加する勢いで、これまでのような安ければよい、というような食料の購買選択が徐々に縮小していることは追い風となる。その代わり、日本では作れないダイズや小麦は輸入する。これで日本の農産物貿易収支は均衡するかもしれないし、均衡しなくても共同体内で帳尻を合わすことはない。

この政策の先輩格はEUの農業政策であるが、EUは農業補助金の増大が予算全体を圧迫している。したがって、この点には十分な配慮が必要であり、基本的に貿易の結果として生じうる補償は避けることである。

またモジュール型農産物や加工食品貿易の予想以上の進展は、この構想の現実性を高めるだろう。モジュール型加工食品とは、加工食品取引の国際間モジュール（統一された品質、規格を持つ加工食品で、さまざまな中間原料あるいは食材として、多様な最終もしくは中間食品の生産に組み込まれる段階にあるもの。パソコン部品、たとえばマザーボードや規格化された液晶画面に当てはまる）のことである。

モジュール型農産物の例を挙げよう。

ピザの生地、カップラーメンの麺と具、調味料、濃縮ジュース、コーラ原料、餃子の皮、ケーキの飾り菓子（デコレーション）、アンパンのアン、中華マンの具、ゴボウ巻きの加工ゴボウ、フライドチキン用カット鶏肉、皮むきエビ、ネリもの、フライ用小魚、カット野菜、乾燥麵、はるさめ、煎りゴマ、コメ粉、小麦粉、皮剝きサトイモ、未揚げコロッケ、串焼き、カット肉、トマトなどの各種ピューレ、加工パックご飯、ピールフルーツ、ドライフルーツ、シロップ、脱脂粉乳、エッセンススパイス、コーンスターチ、ドライイースト、天然食用色素、生クリーム。

一般にこれらは加工食品として分類されているものだが、食材の構成要素が一定の約束ごとや規定による規格品である点で、それを使う食品加工メーカーや中間食品加工メーカーが機械の部品のように、工程のある部分に当てはめて使う点で、単なる未完成の加工食品と異なる。そして、モジュール型農産物は食生活や食材の汎用化、国際化に伴って、さらに需要が拡大する可能性が大きい。このような新しい食品加工の製造・取引の発達は、地域共同体内において、農産物や加工品の垂直分業体系の形成に向かわせることになろう。

これら子細な加工品については原産地規則の適用を行うこと自体が非常に困難になり、また、原産地規則は一種の政治的配慮から生まれたものでもあるので本来の自由化を歪める。一般には資源の有効配分を阻害する側面を持つので、現代の国際社会において必ずしも好ましい方法とは言えない。地域経済の形成により、これらの点はかなりクリアできるので、新しい安全な食品加工技術や取引形態の登場はさらに進み、一方では地域経済の形成を推進する作用をする可能性が十分にある。

13　環太平洋食料共同体の原動力

もちろん、環太平洋食料共同体の実現には、阻害条件があることも否定できない。社会、経済、文化、言語、気象、距離、地理など、あらゆるものが異なる国同士が一枚岩となり、機能していくのは並大抵のことではないことは当然である。だが、決して不可能なことではない。いい例が、欧州連合（EU）である。

ＥＵの発祥は、冷戦時代の一九五二年にまで遡る。超大国として君臨していたアメリカ、ソ連に挟まれて当時、西ヨーロッパでは欧州統合の機運が高まっていた。欧州全体の友好と経済発展を図る目的で、欧州石炭鉄鋼共同体が設立されたのが、現在のＥＵの始まりだ。

その後、欧州経済共同体、欧州原子力共同体がそれぞれ発足し、先述した欧州石炭鉄鋼共同体とともに、一九六七年、欧州共同体として一つの組織に統合された。一九九二年に正式にＥＵが発足し、二〇一〇年現在、加盟国は二七ヵ国にも上る（一九九八年には、欧州単一通貨「ユーロ」が導入された）。スタートから、実に六〇年近い歳月がかかっている。今後も数ヵ国が加盟準備中だ。

財政問題など深刻な問題を抱えるＥＵだが、統合に成功した要因は、まさに各国や各地域間の「違い」を人びとが認識し、相互理解に努め、「違い」を利用し合ったからだと思う。

繰り返すが、各国、各地域の違いを考えると、環太平洋食料共同体の設立は気が遠くなるほどのビッグプロジェクトだ。

だが、東南アジアでは、すでに東南アジア諸国連合（ＡＳＥＡＮ）が形成され、約六億人規模の巨大マーケットが目覚ましい経済成長を遂げている。その存在感はいまや、ＥＵや中国にも迫りつつある。さらに、国ごとの「違い」こそが統合の原動力になると思われる。目下、日本、中国、韓国がそれぞれの立場から個別に、統合の可能性を模索している点もいずれはプラスとなろう。

14　成功はEUに学ぶ

なぜそう確信するのか——。

今から二〇年ほど前、EUの共通農業政策（CAP）の現地取材のために、欧州数ヵ国を数度にわたり訪れたことがある。CAPとは、EU加盟諸国が農業分野で指標とする統一政策のことで、一九六二年に制定された。農業生産力の向上、農家への所得補償など、その政策は多岐にわたり、ほかにも農業を文化遺産として認知し、それを保護していくという意味合いもある。すなわち、農業従事者への保護が主な目的である。

政策の主な内容は、農業者の所得を保証するための価格・所得政策、加盟国間・地域間の経済力や生産条件などの格差を是正するための農村開発政策、輸出補助金、域内共通関税などである。CAPの支出は、農家への直接支払いや山間部の条件不利地域や環境保全のための所得補償支出を柱とするデカップリングも含まれる。

二〇一一度のEU予算は支出が一三八五億ユーロ（一五兆七九〇〇億円）、そのうちCAPなど農業・農村整備などに充てられる予算は五七二億ユーロ（六兆五〇〇〇億円）で、四一％を占める。CAP予算は日本の農業関係予算をやや上回るが、これは、いかに日本の農業予算が大きいかを物語る一つの象徴のようでもある。

だが、年々、EUの財政構造は悪化しており、農業関係予算の比率も徐々に減っている。

CAPは二〇一三年までに見直しをすることになっている。その見直し作業の結果は二〇二〇年からの制度変更に反映される見通しという。その背景には加盟国が現在でも二七、今後も増える可能性があることによる、加盟国の財政問題の深刻化がある。しかし、CAPがこれまでに果たしてきた各国の農業生産分業体制は今後も継続される見通しだ。

筆者はCAPの効果を実際に体感するため欧州に行ったのだが、痛感したことは、欧州農業の「共通性」よりも、「多様性」の素晴らしさだった。

東京にある数店のレストランが、ドラゴンフルーツ（メキシコ、中南米原産のサンカクサボテンの果実）をメニューに加えたいからといって、わざわざ日本で栽培しないだろう。栽培できなくはないが、ビニールハウスを作ったり、暖房装置や高い重油を使ったりと、費用も時間もかかってしまう。バナナにしてもパイナップルにしても同じことだ。主栽培地であるベトナムやマレーシア、東南アジアなどから適量を輸入した方が早いし、コスト削減にもなる。

CAPで最も特徴的な政策は、農業の国際分業化である。すなわち、フランスはフランスの土壌に合った農産物を作り、イタリアはイタリアの土壌に適した農産物を作る、というシステムである。欧州は統合されているのだから、昔のように各国が同じ農産物を同じように作るのは無駄でしかない。それぞれの国が地域特性を生かした食物を作り、それをEU全体の利益として流通させていくほうが、はるかに効率的だ。もちろん、フランスがワインを作ったからといって、イタリアでは一切ワインを作ってはならない、という厳密な決まりはない。

栽培技術が発達したからとはいえ、品目ごとに必要なものをいちいち作っていたら、費用がかさんで仕方がない。ＥＵの地域的な多様性が生む適地適産は、日本にも似たような形がすでにある。たとえば、リンゴは青森県、岩手県、長野県、ミカンは和歌山県、愛媛県、静岡県が産地として知られている。このように、各地の特産物を「これ」と決めてきたのは、実は日本農政なのである。行政主導で各地の適産物が決められ、それが国から各都道府県、そして各自治体へと下りていき、現在のような形へと発展していった。

適地適産事業がスタートしたのは、意外に早く一九五〇年代半ばからだ。当時、戦後の深刻なコメ不足を解消するため、政府は全国でコメ作りを奨励していたため、その結果、近い将来には逆にコメが大量に余るという事態が予想されていた。事実、一九六〇年代半ばには、全国に余剰米があふれるようになり、今度はコメの増産政策から一転して減反政策を導入し、コメ余りの予防に努めるようになった。

農民にとってコメは、ノウハウがあれば非常に作りやすい農作物である。それに何といっても、日本人の主食はコメなので、多少作り過ぎても需要はある。それでは減反してもコメは大量に作られることになるので、政府はコメ以外の農産物を各地で作るように奨励してきた。

ただし、全国の農家がコメ以外の同じ農産物の栽培に取り組んでは、またコメと同じように作り過ぎになる恐れがある。そこで、適地適産のシステムが生まれた。この問題については国会でも、すでに一九五〇年代から議論が始められていた。

主なものを挙げると、青森、岩手、山形、長野のリンゴ。福島、茨城、千葉、鳥取のナシ。和歌山、愛媛、大分、熊本、愛知、静岡などのミカン。山形、山梨のサクランボ。山形、福島、岐阜、愛知、奈良、和歌山、福岡のカキ。北海道、山形、長野、山梨、岡山のブドウ。岡山、山梨、福島などのモモ。栃木、群馬のイチゴ。北海道、静岡、愛知などのメロン。沖縄のパイナップル。宮崎、山形、三重、滋賀、福島、宮城、鹿児島などの牛肉。北海道の酪農。茨城、千葉、宮崎、鹿児島、沖縄などの豚肉。愛知、福岡、鹿児島などの採卵鶏である。

二〇〇〇年に発足した地域特産物マイスター制度は、適地適産をベースに、優れた農業技術や加工技術を持つ農家を認定するものである。農産物の安全性を要求する消費者の高まる声と、生産者の意欲の向上を合わせて狙ったものと思われる。

【写真 21】 綺麗な日本の水田（新潟平野）〔筆者撮影〕

一九六〇年代から本格化した適地適産を進めるために、国や都道府県は、土地改良や担い手育成、地域特産物の育成を目指した農業試験場の設置や技術指導員の養成などに取り組んだ。その成果は、今日の豊富な農業の多品種・多品目生産の実現となって実を結んでいる。しかしコメ以外の穀物や飼料作物、牛肉、豚肉、鶏肉などの畜産物は、不足を是正するまでに至らなかったことは周知の事実である。

15　大いなる統合への第一歩を

こうした適地適産を国際レベルで行った例がEUであり、環太平洋食料共同体も目指すところは同じである。要は、従来作ってきた基本的な穀物やその他の農畜産物の生産は維持したまま、栽培のための技術や農地などの資源を有効活用することである。

そのうえで、たとえば日本は高級米、霜降り牛肉や高級メロン、リンゴ、イチゴ、ミカンを、中国は低価格野菜、小麦、ブロイラーを、韓国は中級牛肉、トウガラシ、ダイコン、ハクサイ、キャベツ等の重量野菜など、各国が強みを発揮する農作物を作る。そして、それらの国の特徴を生かしながら、全体に行き渡るように巨大な単一マーケットを形成し、地域全体の食の安全保障を完成させるのだ。

環太平洋食料共同体における食料品関係の貿易には、リカードの比較生産費説が基本的には当てはまる。つまり、加盟国間の品目間で比較生産費に差があっても自由貿易が行われるならば地域全体として生産が増え、新型世界食料危機の克服に寄与するのである。

各国が同じ農作物を作れば、過度な競争や衝突が起こってしまうという見方がある。競争は、市場を活性化させる重要なファクターにもなるのだが、熾烈な過当競争による各国間の疲弊を解消し、

【表 10】 各国の主要農産物生産者価格

（ドル／t）

	トウモロコシ	牛肉	豚肉	コメ	大豆	牛乳	小麦	生鮮野菜
中国	221	2,499	1,389	323	433	348	193	129
カンボジア	132	1,583	1,656	186	336	85		374
インドネシア	160	963	1,216	215	438	152		209
日本	1,101	20,658	3,855	2,087	2,334	727	1,339	2,268
韓国*	563	19,256	2,137	1,811	2,451	287	618	415
マレーシア	121	3,931	2,231	217		356		416
ミャンマー	18,923	58,271	55,633	19,871	52,573	14,619	42,934	
フィリピン	167	2,341	1,804	186	389	331		193
シンガポール		9,238	4,311			1,198		106
タイ	126	1,916	1,659	154	279	294	159	469
ラオス	120	871	1,178	125	410	574		
モンゴル	n	959	2,063	n	n	203	134	n

注：① 2004，2006 年の平均値（野菜の日本のみは 2005，2006 年の平均値）.
②空欄はデータなし.
③ミャンマーの表示通貨単位はドルでなくチャット．公定為替レートは１ドル 5.41 チャット．実際はさらにドル高.
④＊印は 2005 年のデータ.
〔資料：FAOSTAT〕

各々が正当な利益を得られるようにすべきであるとしたのがＥＵだった。

だが、あらゆる農畜産物の生産国を機械的に振り分けることには問題がある。重要なことは、現状を認めながら、経済原理を媒介として、地域全体の農畜産物の過不足を調整できる柔軟な仕組みを構築することである。

この仕組みを作るに当たって、地域の農産物生産者価格の差が参考になる。【表10】は、主要な農畜産物の一トン当たり生産者価格である。ほとんどの品目で日本が最も高く、韓国がそれに続く。とくにコメ、牛肉、大豆、生鮮野菜は、日本・韓国とそれ以外の国との間の価格差が大きい。細かくみると、どの品目も国によって無視できない価格差がある。

このような価格差は、工業製品と違って、

【表 11】 リカードの比較生産費説

	中国	日本	合計
コメ	160 人	180 人	
	1 単位	1 単位	2 単位
野菜	140 人	200 人	
	1 単位	1 単位	2 単位

↓

	中国	日本	合計
コメ		380 人	
		2.111 単位	2.111 単位
野菜	300 人		
	2.143 単位		2.143 単位

2.111 単位＝ 1 単位＋ 1 × 200 人／ 180 人
2.143 単位＝ 1 単位＋ 1 × 160 人／ 140 人

農畜産物には避けられない。農業は自然条件や伝統、技術、農民の社会経済的地位などによって、国ごとの差が大きいからだ。

　このような差は、ＥＵでも消えない問題である。だから共同体はこれを解消することではなく、この差を利用し合うことにこそ重要な意義があるし、経済格差のある国家間の貿易を促す要因となる。高い国は安い国から買い、生産費をそれに近づける努力をする。高い国へ売る国は徐々に豊かになり、やがて、高い国の特産物、たとえば日本の高級牛肉、リンゴやイチゴを買う人が出てくる。現在の中国の富裕層が、日本のコメや青果物を買うのはその典型例である。

　富裕層がいるかどうかは別にして、食品という商品コードに限定した貿易を考えても、リカードの比較生産費説が当てはまるので、生産費が相対的に高い場合でも輸出は可能である。【表11】は比較生産費説の単純な説明で、自由貿易により世界的利益が生まれることを説明するものである。

　表の上部分は自由貿易が行われる前、下部分がその後を示している。上部分では、中国も日本もコメと野菜の二つの農産物を生産している。コメを一単位生産するために中国は一六〇人、日本は一八〇人を必要とする。仮に一人の賃金が一万円ならば一六〇万円と一八〇万円の生産費がかかることになる。また野菜一単位を生産するには中国は一四〇人、日本は二〇〇人必要となる。同様に人数を賃金に変えても同じことである。

では自由貿易が実現するとどうなるか。それを示したものが表の下部である。

中国はコメ、野菜のどちらも日本より生産費は安い。だから、コメも野菜も中国で生産し、日本は両方を中国から輸入した方が良い、と考えるのが自由貿易否定派である。しかし、リカードはそうは考えなかった。彼は、コメの一六〇人と野菜の一四〇人を比べて低いほう、つまり野菜を専門に作り、日本は一八〇人と二〇〇人を比べて低いコメを作った方が両国のためになる、と考えたのである。

その結果を数字にすると中国は三〇〇人すべてを野菜生産に割り当て、日本は三八〇人すべてをコメの生産に割り当てる結果、中国の野菜生産量は二・一四三単位、日本のコメ生産量は二・一一一単位になる。つまり、両国の合計生産量は、野菜が〇・一四三単位、コメが〇・一一一単位増える。自由貿易の結果、二つの農産物の生産量が増え、それを交換し合えば両国の国民はより多くの農産物を消費し合えるようになる。これは農産物を作る者、それを消費する者、双方の利益になるのである。

リストの幼稚産業保護論（農業などのような発展の遅れている産業は力がつくまで貿易を制限すべきだとする考え）のようにリカードの考え方を批判する意見もあるし、ヘクシャー-オリーンの定理のように、各国における生産費の比較だけでなく、労働や資本などの生産要素の存在比率を考慮すべきだとか、実際の貿易は多数の国との輸出入があるので複雑だなどといった意見があるが、いまここで説明したことは原則的には当てはまるのである。

これを実際に応用するためにも、農産物に共通の計算基準や方法にもとづく国際的な生産費調査の実施が課題となる。

では共同体形成の第一歩は、どのような取り組みから始めるべきなのか?

東アジアとＡＳＥＡＮを合わせただけでも、農民の人口は約一〇億人。全体の人口を大まかに二〇億人とすると、半分が農民ということになる。さらに、この域内の耕地面積をすべて合わせると、約二億ヘクタール。この二億ヘクタールを有効活用し、合理的な農業を目指していかなければ、人口の半分を占める農民は食べていけない。農民自身が食べていけないようでは、アジア全体の安定・繁栄など望めるはずもない。

そのために、まず各国の農産物生産費調査を同じ基準で行うことを提唱したい。これが環太平洋食料共同体への第一歩となる。現在のシステムは、国連食糧農業機関（ＦＡＯ）に対し、それぞれの国が生産物の量や消費量、輸出入量、価格などを品目ごとに報告することになっている。だが、その報告内容は、各国が独自に行った調査結果によるもので、基準は非常にまちまちだ。この点、ＥＵは共通の基準を持っているのでわかりやすい。

さらに、域内の農業理事会を設け、各国、各地域が得意とする農産物を、どの国でどのくらい作るか調整していく。この理事会は加盟国の農相がメンバーとなり、各国の農業省から事務局員を派遣し合って組織する。そのうえで、環太平洋諸国共通の卸売市場を開設したり、優れた農業技術者を育てるための共通の農業大学を創設することなども考えられる。

16　環太平洋食料共同体の覇権を握るのは

環太平洋食料共同体形成の中核をなすのは、日本と中国そしてアメリカだ。このうち最も大きな恩恵を受ける国は日本と中国である。

日本農業は、その旧態依然とした農政から脱却できず、自滅の道を突き進んでいるが、技術力は総じて、どの国よりも優れている。中国農業は、日本よりも深刻な国内問題を抱えてはいるものの、アジア随一の広大な耕地面積と企業型農業システムを持っている。しかも中国は、農産物を例外扱いしないでＡＳＥＡＮとの自由貿易協定（ＦＴＡ）の実効の歩みを始めた。中国がＦＴＡに積極的な理由は、主に二つある。

一つは、貿易協定を通して、この地域の再編成で立ち遅れる日本や韓国に先んじて、東アジア地域の経済的優位性を握るためだ。もう一つは、やはり国外との貿易発展を目指さなければ、中国国内の諸問題を解消できないからだ。同時に、国内農業の脆弱な農民や農地、過剰な農業作物を切り捨て、株式会社が主導する農業構造を作り出すためだ。

前述したように中国は最近、中央アジアから中東、アフリカへと影響力を強めようとする動きを示しているが、最も重視するのは東南アジアである。もともとこの地域には、世界に散らばる華僑・華人の半分近く（台湾、香港、マカオを除く）が住み、中国との関係も深い。ただし、ネイティブの人びととの歴史的な理由による確執も深く、彼らが直接に農地を所有して、食料生産を経営できる条件は限られている。

華僑や華人が好む食材のほとんどは、香港や中国本土、そして台湾から輸入されている。また、水産物や熱帯農産物の多くは、中国の経済的豊かさが拡大する過程で、これらの地域から中国本土への輸出が増えている。

こうした貿易の現状を背景としながら、中国とASEANとのFTAは順調に交渉から合意に至り、中国はASEANからの輸入品目にかけてきた関税を徐々にゼロにし、すべての品目で二〇二〇年までにゼロにするとした。

日本もASEANとはFTAを締結しているが、JAの反対にあって、農産物に関しては関税相互引下げ対象から除かれたものがほとんどだ。ここに、日中の対ASEAN政策の根本的な違いがある。日本政府は、自分たちを貿易立国と呼びながら、農業に関しては鎖国的政策を取り続けている。明らかに矛盾している。自給率の低さを開放度の高さの証明だとする荒唐無稽、逆立ちした議論を臆面もなく行う御用学者なども論外だ。

環太平洋食料共同体の実現を議論する際、農業の貿易自由化の問題は、日本にとって避けられないテーマだ。だが、TPPやFTA締結によって徹底的な構造改革を迫られる日本農政は、これに強い反発を示している。反発してますます遅れをとる日本だが、その一端を【表12】でみよう。

自由化は、WTOの交渉が加盟国全体の合意を必要とするため、ほとんど進展していない。しかし関税の相互引き下げによる貿易の促進が必要なので、二国間ないしは地域経済間の貿易促進交渉は増えている。ASEANはアジアの中では、中国、日本、韓国等との交渉を優先させてきた。

【表 12】 日中 FTA（ASEAN）農産物関税比較

			発効時期	協定内容
日本		ASEAN	2008	農産品はこれまでの二国間で関税撤廃に応じた品目をそのまま譲許
	個別協定・参考	シンガポール	2002	日本側は一部農林水産品の関税を即時または段階的撤廃
		メキシコ	2005	日本側は豚肉、オレンジジュース、牛肉、鶏肉、オレンジ生果輸入に特恵輸入枠を設定
		マレーシア	2006	マンゴーなど一部熱帯果実輸入関税を即時撤廃、バナナには無税枠設定
		チリ	2007	牛肉、豚肉、鶏肉等は関税割当を設定
		フィリピン	2008	バナナは 10 年間で関税撤廃、パイナップルについては無税枠設定
		タイ	2007	マンゴーなど一部熱帯果実やエビ・エビ調製品の輸入関税を即時撤廃
		ブルネイ	2008	日本側はアスパラガス、マンゴー、ドリアン、野菜ジュース、カレー調製品などを即時撤廃
		インドネシア	2008	バナナ、パイナップルなどの熱帯果実は無税枠を設定
中国		ASEAN	2010	農産品の関税を撤廃

〔出所：農水省〕

積極的なのは中国で、二〇〇二年の枠組み合意から、二年間で物品貿易協定を、五年間でサービス貿易協定を調印し、二〇一〇年一月から発効させた。すでに二〇〇四年から、八分野の農産物の関税はゼロになっていたが、これによって、すべての農産物の関税が相互にゼロになった。

これに対して日本は、中国より二年早い二〇〇八年に、ASEANとのFTAを発効させた。だが、一部の畜産物や果樹等について無関税枠を設けただけで、穀物、野菜、その他の農畜産物の大部分については、まったく譲歩していない。つまり、日本がASEANと締結したFTAは、自国に有利な工業製品の関税をゼロとしたに過ぎない。しかも、二〇年後という先の長い話だ。

ここに至って、ASEANとのFTAについての日中の対応をみる限り、中国の勝利は明白であろう。中国は自国の八億の農民を抱える農業を犠牲にしてまで、恩をASEANに売ることができたのに対し、日本は、わずかたりとも損をしようとしなかったのだ。ASEANが、日本よりも中国に軸足を移すのは自然の流れとなった。中国の戦術はみごとに成功した。

韓国とASEAN間のFTAも、中国ほどではないが日本の先を行っている。

17　TPPが日本農業にマイナスとする試算のお粗末

横浜で二〇一〇年にAPECが開催された際、TPPへの参加を日本政府が珍しく前向きにとらえようとする姿勢を示したとき、真っ先に、慎重な姿勢をみせたのがときの農水大臣と二人の副大臣であった。

すでに民主党の農業政策は自民党以上に農家保護に傾いていたが、これほど露骨に保守的な姿勢をとることは誰も予想しなかった。農水大臣は山形県、二人の農水副大臣は新潟と長野という農業県を選挙地盤にしているという背景もあるが、この三人のトップは足並みをそろえ、TPPは日本農業を潰すという主張を大相撲の千秋楽の三役揃い踏みよろしく、当時の菅直人首相に対して反対の姿勢を公然と示したのだった。

APECは一一月七日から始まり一四日に終了したが、農水省はその半月も前にTPPに日本が参加すると日本の農業生産の減少額が四兆一〇〇〇億円、つまり年間生産額がほぼ半減するとの試算を発表していた。なんと手回しのいいことか、と誰もが思ったものだ。

この試算はいかにも結論が先にありきで、いかに日本農業を開放させないか、つまり、菅直人

【写真22】 日本のネギ畑（茨城県2008）〔筆者撮影〕

の野望をいかに打ち砕くかという一点に集中した作り話というほかはない代物だった。こんな一部の業界のことしか念頭にないような試算のために国民の貴重な税金が使われていいのだろうか、とだれもが思うに違いない。

この試算は、すべてが独りよがりの身勝手な仮定のうえに成り立っている点が特徴である。その仮定とは、①ＴＰＰにより影響を受けるとする品目、つまり試算の対象品目を日本の輸入関税率が一〇パーセント以上のものであって国内生産額が一〇億円以上のものとする、②国産品のうち輸入品と競合するものとしないものに分ける、③輸入品と競合する国産品はすべて輸入品に置き換わる、④競合しない品目の場合も、輸入対象品目と同じ品目の価格がすべて低下する。

こうした仮定自体に大きな問題があるが、最大の問題は、③の輸入品と競合する品目はすべて日本産が負ける、という仮定を置いている点だ。このため、たとえばコメについては、新潟産コシヒカリと有機米等ほんの一部を除いて、すべてが輸入米に置き換わるという結果を出している。この点に、この試算の矛盾や無理が現れていることに、試算をした人は気付いていないようだ。

新潟産コシヒカリは市場価格が最も高いが、その高いコメが勝ち、価格が安いコメは輸入品に負ける、というのなら、価格は高いが味や品質、安全性の高い日本産農産物は新潟産コシヒカリ以外にも山ほどある。コンニャクイモ、リンゴ、ナシ、桃、スイカ、サクランボ、イチゴ、ブドウ、大豆、小麦、牛肉、豚肉、地鶏、バター、白菜、キャベツ……。

だが、これらはみな輸入品に負けるという。その根拠はなにか？　合理的な根拠はなに一つなく、あるのは、輸入自由化を阻止し、そして農水省の仕事を守るという結論先にありきのつじつま合わせだけである。

TPPやFTAによって、国内農産物はたしかに影響を受けるが、完全に負けるものは実は何一つないことを再認識すべきだ。これまで、日本はオレンジ、牛肉、リンゴ、ブドウ、サクランボなど、多くの品目を自由化あるいは関税を大幅に下げてきた。一九九一年の牛肉とオレンジの輸入自由化は、結局は日本の牛肉と柑橘類の味や品質、安全性を高めるプラスの作用をもたらした。

このことは、自由化によって受けるのは負の影響ではなく、国内農業に対するプラスの影響だということが真実なのであって、壊滅するとか全滅するとかは、ためにする議論以外のなにものでもないことを再認識すべきだろう。

18　家計・企業負担の縮小を

日本の政党は右から左まで、日本農業を保護すべきという点から、アメリカやオーストラリアなどを視野に入れたFTA交渉開始やTPPに対して、過敏なまでの反応をみせてきた。資源保有国でない日本は貿易立国として、つまり国際商業活動や投資活動の繁栄、人の移動を積極的にリードすべき立場にあることは明らかだ。この点は、農業もまったく例外ではない。

二〇〇七年から交渉が始まった日豪EPA（経済連携協定。FTAより幅広い範囲についての協定）は難航している。資源輸入国の日本と工業製品輸入国のオーストラリアは、補完関係を築きやすいはずだが、オーストラリアが牛肉、小麦、酪農品などの農産物輸出国であるということから、交渉は牛歩の歩みだ。

しかも、オーストラリアとのEPAにより発生する日本農業分野への損害額は、年間約八〇〇〇億円にもなると農水省が発表したものだからJAは大反対だ。確かに、農業分野の貿易が完全に自由化されれば、現在の日本農家への打撃は計り知れないという見方もある。このようなことは、分業と協調の環太平洋食料共同体を組織することですぐにでも解決される。

さらに、日本の農産物の品質・安全性・味は外国には負けない。農業構造を変え、日本の農業者の海外進出を促し、農地法改革を断行し、農地利用と農地所有をすべての農業者に開放すれば農業は蘇る。前述したKさんのような優れた農業者、資本と技術を集約する農業企業、伝承技術と地域農業計画のノウハウと販路を持つＪＡによる農業経営（農業生産協同組合）を育成すれば、日本農業は海外と住み分けできるし、逆に海外に打って出ることもできる。

変革を恐れて現状にしがみついたままでは、近い将来、日本農業という文化（アグリ・カルチャー）は完全に息絶える。それだけでなく、農業はいつまでたっても日本経済や日本の国際的地位の向上にとってお荷物のままだ。

農業は環境保全や水の涵養、自然と人間の調和のために計り知れない貢献をしている、仮にそれを金銭に換算すれば天文学的貢献をしている、という宣伝文句をよく目にする。この種の議論は、海や青空の自然的恩恵を金銭換算して満足することと同じで、一種の詭弁だ。

ある国の農業の価値は、食料生産がその国の技術、労働、資本や農地などの資源を有効に使っているか、つまりその国の食料需要を適正なコストを使い、供給できているかによってのみ決まる。異なる産業界の出したゴミや汚染物質をどのくらい除去したとか、緩和しているかなどということは、本来の農業のあるべき価値の不足を隠すための口実に過ぎない。農薬、化学肥料、ビニール、農業機械や温室で使う石油や電力など、農業で使うすべての資材や固定資本財も、他産業と同じように、汚染物質やＣＯ２を排出しているではないか。

二〇〇九年度の農業に当てはめれば、国の一般会計予算だけで約二兆円、これに国会の承認がいらない官僚が自由に裁量できる財政投融資特別会計（農業関係は少なくとも三〇〇〇億円程度）がある。

さらに、国の事業を除いた都道府県や市町村の支出が約三兆円弱、これらと重複しない農家の農業経営費約四兆円、農家の共同利用のためのＪＡの施設費などを足すと、年間の農業コストは少なくとも約一〇兆円となろう。さらに、ごまんとある農業団体の事業費（不明）も広い意味では農業の社会的コストだ。

これに対して、農業総生産は四兆四〇〇〇億円（農業ＧＤＰ）に過ぎない。それゆえ、金額が判明しているコストを引いただけでも、結局、五兆六〇〇〇億円の赤字となる勘定だ。一〇兆円のコストをかけて、四兆四〇〇〇億円の所得しかないことになる。

日本農業は潜在的能力を半分も使っていないのではないかと述べたが、もしその能力を使いきれば、農業総生産額は今の二倍、つまり九兆円は可能になるということである。となると、農業部門収支は均衡し、コストはすべて農業部門自身によって吸収されることになろう。だが現在はそうなっていない。だから農業産出額以上につぎ込むカネが多い。

その赤字部分は、誰が負担しているのか、もちろん、経済活動を担っている経済主体、つまり家計、企業、政府だ。政府部門の負担というのは、結局は家計と企業に回ってくるから、実質的な負担者は、この二つということになる。農家の次元では、家計と企業からの補てんが基本的に収支が見合っているから借金は生まれない構造だ。

日本の国と地方を合わせた債務残高はついに一〇〇〇兆円を超え、毎秒五〇万円ずつ増え続けている。農業部門の累積赤字は、結局は国の借金の一部という形をとって、国債に形を変えていく。もちろん、やがては返さなければならないが、その義務を負うのは家計と企業以外にない。このような赤字体質の日本農業を、本気で根本から変えるための大規模プログラムに着手すべき時がきている。

19　中国の対日農産物輸出はどうなる？

環太平洋食料共同体において、中心的存在となるのは中国と日本になると述べたが、二国間では多少の衝突や軋轢も生じるはずだ。

共同体設立以前の問題として、農業分野で不安視されているのが、中国から日本へ農産物輸入がストップされる、あるいは極端に制限される恐れがあることだ。つまり、いつ中国が日本には売りたくないといい出すか、わからない。レア・アース問題は、けっして例外ではないのだ。

低食料自給率を引き合いに出すまでもなく、日本は中国に頼らざるをえない状況だが、肝心の中国が日本に農産物を売らずにパッシングしていく可能性は否定できない。中国人からみると、日本人は食品の安全性だの、野菜の見てくれだのと、あまりにも小言の多い国民に映っている。それなら、買い手はいくらでもあるのだから、日本には売らずに別の国に売ろう、となっても不思議ではない。

食料の市場は売り手市場に向かっていることが、こうした態度を生む背景ともなる。そうなれば、日本は深刻な食料難に陥るわけだが、それでは中国以外のあらゆる食料大国から輸入をすればいいのかというと、そう簡単な話ではない。

なぜなら、新型世界食料危機にどの国も陥っているからである。

仮に、中国やアメリカなどの農業国から日本への輸出が制限された場合、日本はどうすればいいのか？　この質問に答えられる日本人はほとんどいないはずだ。そんなことはありえないだろうと思ってきたし、そんなことを考えたこともない日本人がほとんどだからだ。そして筆者の答えも「わからない」だ。カントリーリスクを分散するためにも、国際的食料の安全保障システムである環太平洋食料共同体が大きな役割を果たしうる。

環太平洋食料共同体は、関係国全体の食料確保の安定のために必要不可欠だ。とりわけ日本にとっては、死活問題を解決する唯一の方法になると思う。そして環太平洋食料共同体は、たんに食料確保のための国際協調を構築するための手段となるにとどまらず、新型世界食料危機に立ち向い、これを基礎として、参加各国にとってはＥＵのような地域同盟の形成に向けた弾みとなるにちがいない。

あとがき

本書を構想していたとき、〝新型世界食料危機〟と〝食病〟という言葉が自然に、筆者の脳裏をかすめた。〝新型世界食料危機〟が食料の安定的な生産と供給における世界レベルの危機だとすれば、〝食病〟は食べものそのものが病んでいるという意味での危機である。

本書をほとんど書き終えて、ややほっとしていたときに、いまなお被災者はもちろんのこと多くの日本人を苦しめている「東日本大震災」が起きた。この大震災によって、農業や水産業は前例のない大きな痛手を受け、日本人のみならず日本からの輸入に依存していた海外の消費者や食品業界までもが被害を受けた。そしてこのことによって、〝新型世界食料危機〟と〝食病〟が構造的なものだという筆者の懸念はいっそう深まることになった。

年に二ヵ月間は訪れる中国農村に立つとき、私の手のひらには泥がつき、そのとき握った土の一部が爪に入り込むが、その土にどんな有機物が混ざっているか、私にはまさに手に取るように分かる。私の行いを見ていた中国農村の地元の農民が人糞は使っていないといっても、私の鼻を騙すことはできない。私には、土に混ざったあらゆる有機物質の正体を嗅ぎ分ける鼻がある。風が吹けば、見えない風上にある農場が鶏舎か、牛舎か、豚舎か、あるいは居るのが羊か馬かを嗅ぎ分けることができる。これは私に動物のような嗅覚鋭い特別の鼻があるためではなく、四十年間の農村調査の経験があるために過ぎない。そして、この経験を通じて言えることは、中国の土も日本の土も徐々にやせ細ってきているということだ。

豊富な食べものを前にしても野坂昭如はけっして安心しなかった。彼は焼け跡派の生き証人の一人として、食べものの生命としての儚《はかな》さとその儚さに依存するしかない人間の生命の儚さを忘れない。いま、私はその儚さのうち、食べものが食べものでなく別ものになっていきつつある点に注意を注いでいる。そのことを私は〝食病〟と呼ぶ。そして〝新型世界食料危機〟が、その延長線上にあることは明白である。

このような事態の進行をいかにして食い止めるのか？　この疑問に対する答えが、日本農業をさらにさらに開放し、近隣の国々あるいは世界の人々とともに、農業の生産・流通の仕組みを改善し合う、真の意味での国際化以外にないこともまた自明である。

最後に、本書を論創社から出版できたことに感謝したい。論創社は一九七〇年代に、その道の専門家が注目した雑誌『国家論研究』を刊行していた。その編集者である森下紀夫氏とは、当時、有楽町界隈を飲み歩きながら議論する間柄であった。今でも相変わらずの愛酒家《のんべえ》であることも喜びたい。

二〇一一年八月

著　者

主要参考文献一覧

松本三和夫『知の失敗と社会―科学技術はなぜ社会にとって問題か』岩波書店、二〇〇二年。

李昌平（吉田富夫監訳）『農民が田を捨てるとき』ＮＨＫ出版、二〇〇四年。

小原雅博『東アジア共同体』日本経済新聞社、二〇〇五年。

浦田秀次郎・日本経済研究センター編『アジアＦＴＡの時代』二〇〇四年。

吉川直人・野口和彦編『国際関係理論』勁草書房、二〇〇六年。

柴田明夫『食糧争奪―日本の食が世界から取り残される日』日本経済新聞出版社、二〇〇七年。

渡辺利夫・寺島実郎・朱建栄編『大中華圏―その実像と虚像』岩波書店、二〇〇四年。

王国林・谷川道雄監訳『土地を奪われゆく農民たち―中国農村における官民の闘い』河合文化教育研究所、二〇一〇年。

陳桂棣・春桃『中国農民調査』人民文学出版社、二〇〇四年。

陳桂棣・春桃『中国農民調査之等待判決』発言権出版社（台北市）二〇〇九年。

中尾正義・銭新・鄭躍軍編『中国の水環境問題―開発のもたらす水不足』勉誠出版、二〇〇九年。

湯浅赳男『文明の中の水』新評論、二〇〇四年。

清水美和『中国農民の反乱』講談社、二〇〇五年。

中国水利年鑑編集委員会編『中国水利年鑑二〇一〇』中国水利水電出版社、二〇一〇年。

茅野信行『アメリカの穀物輸出と穀物メジャーの発展』中央大学出版部、二〇〇六年。

浜田和幸『食糧争奪戦争』学研叢書、二〇〇九年。

河本桂一『エネルギー・水・食糧危機』（日経サイエンス社）二〇一〇年。

セルジュ・ミッシェル他・中平信也訳『アフリカを食い荒らす中国』河出書房新社、二〇〇九年。

岡本重明『農協との「30年戦争」』文芸春秋、二〇一〇年。

服部信司『TPP問題と日本農業』農林統計協会、二〇一一年。

鎌田慧『原発列島を行く』集英社新書、二〇〇一年。

新潟日報特別取材班『原発と地震「震度7」の警告』新潟日報社、二〇〇九年。

斉藤潔『アメリカ農業を読む』農林統計出版、二〇〇九年。

鈴木宣弘『WTOとアメリカ農業』筑波書房、二〇〇三年。

鈴木宣弘『FTAと日本の食料・農業』筑波書房、二〇〇四年。

石川幸一他『ASEAN経済共同体―東アジア統合の核となりうるか』JETRO、二〇〇九年。

岡本次郎『オーストラリアの対外経済政策とASEAN』JETRO、二〇〇八年。

松原豊彦『WTOとカナダ農業―NAFTAとグローバル化は何をもたらしたか』筑波書房、二〇〇四年。

魚明根他・上見弘太訳『北東アジア経済協力体制の創設と三カ国農業への波及効果』韓国農村経済研究院研究報告、二〇〇六年。

愛知大学現代中国学会「中国農業の基幹問題」（高橋五郎編集）（『中国21』Vol.26、風媒社、二〇〇七）

アンドリュー・キンブレル、白井和宏訳・福岡伸一監訳『それでも遺伝子組み換え食品を食べますか？』筑摩書房、二〇〇九年。

高橋 五郎（たかはし　ごろう）
1948年新潟県生まれ。愛知大学在学中に中国研究に触れ、中国農業に関心を持ち始める。同大を卒業後、研究機関に在職しつつ千葉大学大学院博士課程（自然科学研究科）で農業経済理論を修得、農学博士の学位取得（1991年）。農林中金系の財団法人農村金融研究会主任研究員、宮崎産業経営大学等を経て現在、愛知大学現代中国学部教授兼同大国際中国学研究センター（ICCS）所長。主な著書に『農家の借金』（1986）、『生産農協の論理構造』（1993）、『国際社会調査―中国・旅の調査学』（2007）、『中国経済の構造転換と農業―食料と環境の将来―』（2008）、『農民も土も水も悲惨な中国農業』（2009）。編著・訳書に『海外進出る中国経済』（編著2008）、『世界食料の展望―21世紀の予測』（1998）などがある。

新型世界食料危機の時代
――中国と日本の戦略

2011年10月10日　初版第1刷印刷
2011年10月15日　初版第1刷発行

著　者　高橋五郎
発行者　森下紀夫
発行所　論 創 社
東京都千代田区神田神保町2-23　北井ビル
tel. 03（3264）5254　fax. 03（3264）5232　web. http://www.ronso.co.jp/
振替口座　00160-1-155266
印刷・製本／中央精版印刷　組版／フレックスアート
ISBN978-4-8460-1032-4　